7天造一台无人机

飞控、电池、动力系统、地面站全解析

孙晨晓 ◎ 编著

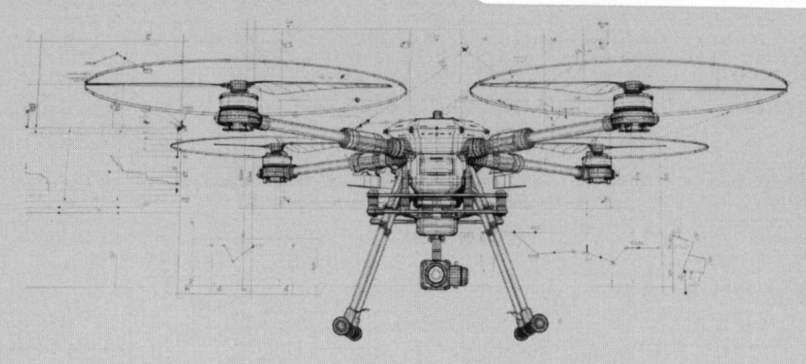

清華大學出版社
北 京

内 容 简 介

本书主要介绍组装、调试一架四旋翼无人机的完整流程，包括组装无人机机架、安装电机和螺旋桨、电池充电保养、安装飞控、飞行前调试，并且在组装、调试过程中依次介绍了飞行原理、动力系统、遥控器、电池、飞控等相关基础知识。本书共分为7章。第1章介绍无人机的基础知识及组装无人机需要做的准备工作；第2章介绍电机、电调、螺旋桨的工作原理和选型安装；第3章介绍无人机遥控器和地面站的相关知识；第4章介绍无人机电池的安全使用和充电保养；第5章介绍飞控及导航、电源检测等模块，并对飞控中用到的算法进行讲解；第6章详细介绍无人机飞行前的调试流程；第7章介绍无人机首次飞行时的各种注意事项。

本书的章节安排方便读者以每天一章的学习计划进行，在7天时间内了解四旋翼无人机的全部基础知识并且同步组装、调试好一架无人机。本书没有复杂的计算公式和算法推导，而是采用通俗易懂的例子帮助读者理解无人机的各种工作原理。读者读完本书可以在短时间内对无人机有一个初步的了解，并组装一架属于自己的无人机。

本书适合无人机专业的本科生或研究生、参加无人机相关竞赛的学生、无人机行业的从业人员，以及需要无人机协助工作的其他行业从业人员使用。

图书在版编目（CIP）数据

7天造一台无人机 ：飞控、电池、动力系统、地面站全解析 / 孙晨晓编著.
北京 ：清华大学出版社，2025. 3（2025.5重印）. -- ISBN 978-7-302-68439-8

Ⅰ. V279

中国国家版本馆 CIP 数据核字第 2025PX9811 号

责任编辑：杨迪娜
封面设计：杨玉兰
责任校对：徐俊伟
责任印制：刘海龙

出版发行：清华大学出版社
网　　址：https://www.tup.com.cn，https://www.wqxuetang.com
地　　址：北京清华大学学研大厦A座　　**邮　　编**：100084
社 总 机：010-83470000　　**邮　　购**：010-62786544
投稿与读者服务：010-62776969，c-service@tup.tsinghua.edu.cn
质量反馈：010-62772015，zhiliang@tup.tsinghua.edu.cn
印 装 者：三河市东方印刷有限公司
经　　销：全国新华书店
开　　本：170mm×210mm　　**印　　张**：9.5　　**字　　数**：140千字
版　　次：2025年3月第1版　　**印　　次**：2025年5月第2次印刷
定　　价：69.00元

产品编号：108394-01

前言

初学无人机的读者可能会有一些疑问：多长时间可以入门无人机？怎么制订学习计划？本书中，我会把自己的学习经历分享给大家，同时为了方便大家制订计划，本书只设置了7章，并且每章的知识循序渐进、相互关联，读者可以每天学习一章的内容，7天的时间完全可以学完本书。

我第一次接触"四旋翼无人机"这个概念还是在大学期间。此前我对无人机的理解只停留在翼龙这种大型固定翼无人机上。由于当时我所学的是机械专业，一心只想去知名车企找工作，所以完全没有把无人机放在心上。毕业参加工作之后，我去了一家建筑企业工作，和无人机更是毫不相干。后来有一个偶然的机会，我到了现在所在的无人机公司，从一开始的Android端地面站软件开发到嵌入式开发，再到飞控开发，现在已经对无人机行业有了一定的了解。从一个无人机门外汉到无人机行业从业者，我走了许多弯路，中途也遇到了很多坎坷，但也正是这种经历让我更了解一个毫无经验的人如何方便、快捷地入门无人机。

三年前，我以"晨哥搞飞机"的网名在B站上传了第一个视频，介绍如何利用大疆的SDK制作一个三维地图地面站软件，随后又陆续上传了云台电机驱动、PID算法、飞控等相关知识。上传视频的本意是给我平时自学的知识做个记录，并且通过讲解的形式加深我对这些知识点的理解，结果没想到关注的人越来越多。有许多人评论说我的视频浅显易懂，也有很多人留言想找我学习无人机的知识。我想可能正是因为之前走过许多弯路，才更清楚新人学习无人机时应该从哪里入手，怎样表达才能让大家一目了然。

有一天，我收到了清华大学出版社杨迪娜编辑发来的私信，希望我能尝试写一本关于无人机入门的书籍。看到这条消息，我除了激动，更多的是犹豫，作为非科班出身的无人机工程师，能不能写出供大家参考、学习的专业书籍呢，如果写不好岂不是误导了更多人。杨编辑知道我的疑虑之后，耐心地向我讲解出版一本书的完整过程，并鼓励我按自己的逻辑来撰写这本书，因为更多的读者是在没有接受过无人机系统知识学习的前提下来入门的，用通俗易懂的语言反而能帮助大家快速了解无人机。在这里，我要真诚地感谢杨迪娜编辑，她的不厌其烦、严谨认真、无私奉献得以使这本书呈现给大家。

在写样章的过程中，我查阅了大量的书籍，也在网上搜集了很多资料，因为我想用最专业的术语将无人机的原理介绍给大家，但是当我花费大量时间和精力把样章写完之后，我发现这本书变成了其他无人机书籍和网络资料的归纳与总结，我只是把读者在其他地方看不懂的原理转移到了这本书上，这就失去了当时我决定写这本书的初衷。于是我重新调整、修改，按自己的语言和经验来撰写样章，在讲螺旋桨时不再介绍空气动力学，而是以电风扇为切入点来推进，在讲光流模块时也去掉了像素位移这种抽象的概念，而是用鼠标移动的原理来类比。所以本书不会有复杂的公式推导和理论分析，只有通俗易懂的语言描述和贴近生活的类比。

感谢我的爱人苏楠女士，可以说这本书是以牺牲我们的相处时间为代价完成的；还有我5岁的女儿孙知夏小朋友，她说如果能在书上看到我的名字她会高兴得“跳到屋顶上”，是她对我的“盲目崇拜”鼓励我完成了这本书。

最后，我还要感谢B站的各位粉丝，作为一名“为爱发电”的UP主，是各位的鼓励支持我一直坚持下来。

作　者

2025年3月

目录

第1章

>>>>>>>>>>>>

初识无人机

面对一门新知识或一个新的领域时，每个人都有自己独特的学习方法和经验，笔者更习惯先了解整个知识框架和基本概念，再对每个知识点逐项深入学习，本书也是以这样的逻辑撰写的。作为本书的第1章，本章不会对某个具体的知识点做详细介绍，而是帮助大家了解无人机的发展历史、基本概念和组成部分，以及笔者入行以来积累的一些学习经验，助力大家更好地学习无人机。本章的主要内容如下。

- 无人机的学习路径。
- 无人机的基本概念和发展现状。
- 不同类型无人机的介绍。
- 自制无人机需要做的准备工作。

1.1 如何学习无人机知识

我经常在网上收到大家的留言，咨询作为一名新手如何进行无人机的入门学习。无人机涉及的知识面比较广，本节首先介绍如何有效地学习无人机知识，避免走弯路。

无人机虽然可以做到体积很小，但它的运行原理并不简单，涉及空气动力学、控制工程、电机驱动、无线通信、软件开发、硬件设计、结构设计、图像识别等一系列知识，是一个非常复杂的系统。想要深入掌握无人机的相关知识需要具备两个条件，一个条件是持续学习的精神。学习无人机需要长期的沉淀和积累，即使耐心看完本书也只是完成了入门阶段的学习，后面还有更多的知识需要大家去学习和探索。另一个条件是要有清晰的学习路线，如果没有明确的学习计划，盲目地学习这些知识，不但不能牢固地掌握这些知识，还有可能失去学习无人机的兴趣。笔者根据自己的学习经历，将无人机学习分为5个阶段，从刚开始的简单组装到后面的算法实现，学习内容由浅入深，适合大家逐步深入了解无人机。

学习无人机的第一个阶段，需要了解什么是无人机，无人机都有哪些类型，学习无人机需要具备哪些知识，并初步了解无人机行业的基本状况和发展前景，这些信息不仅可以提高你对无人机的兴趣，也能帮助你对无人机的学习有一个初步的规划。有了坚定的学习目标之后，就要开始学习一些实际知识了，比如无人机是如何在空中稳定飞行的，无人机是由哪些部分组成的，组装一架无人机的步骤，还需要学习飞控、电调、电机、遥控器、电池等相关组成模块的知识。掌握这些知识之后，还要自己动手组装一架完整的无人机，因为只有实践才能真正掌握相应的理论知识。在组装的过程中，你可能会因为电机实际旋转方向不正确才了解电调对电机的控制逻辑，会因为无人机在空中自旋才真正明白无人机的飞行原理，会因为无人机电池过放导致报废才懂得电池保养的重要性，这些实际操作中遇到的问题会帮助你真正掌握无人机相关知识。最后，还要学习无人机飞行的相关法律法规，通过模拟器练习自己的飞行技术，亲手操作自己组装的无人机完成飞行任务。完成上面一系列操作之后，就算真正入门无人机这个行业了，这个过程可能会花费大量时间，也可能损失很多无人机配件，但是这些经历会为之后的学习打下坚实的基础，提高学习效率。

学习无人机的第二个阶段，你已经对无人机的基本知识有了足够的了解，简单的组装和飞行已经不能满足你了。你开始尝试更多的机型，接触更多种类的电机、电调、飞控、电池，这时候会发现更换机架或电机之后，无人机飞行时会出现抖动现象，要让自己的新无人机飞得更稳，就要开始接触无人机的相关算法了，比如 PID 控制器（proportional-integral-derivative controller，比例-积分-微分控制器）算法和滤波算法。这个时候你会发现每个参数的微小调整都会对无人机的飞行产生影响，需要通过调参软件设置算法中的每个参数并不断调整，最终实现无人机的稳定飞行。经过反复的研究和调试，会对飞控算法有更深刻的理解。在尝试新机型时，你还可能会发现无人机的飞行时间非常短，电机的动力也开始出现问题。在这个阶段，你会发现新机型不能简单地按照教程选择配置，需要考虑整机重量、电机拉力、峰值电流、电池容量这些参数，计算最合适的配置参数实现更大的升力和更长的航时，这个过程可以帮助你对无人机各个模块的了解更加深入。

学习无人机的第三个阶段，你已经开始用无人机解决实际问题了，例如通过在无人机上安装光电吊舱进行河道巡检，安装倾斜摄影相机进行测绘和三维建模。在这个阶段，你会接触激光雷达、喊话器、抛投器、探照灯等适配无人机的模块，无人机加装这些模块之后，就可以在特定行业发挥自己的价值了。在这个阶段，你会了解无人机在各个行业的广泛应用，甚至还能结合自己的经验和创造力挖掘无人机在新领域的应用价值。

学习无人机的第四个阶段，普通的飞控已经不能实现预期的飞行任务了，需要自己动手修改飞控代码。飞控程序一般由 C 语言或 C++ 编译而成，你需要熟练掌握这两种语言。不过飞控程序不需要从第一行代码开始写起，因为现在网上有很多开源飞控程序，这些开源的底层驱动可以在授权的情况下直接拿来使用，只要根据实际应用需求修改应用层的代码就可以了。在这个阶段，无人机更多的是一种辅助工具，你可以通过修改飞控程序实现自己天马行空的想法，支撑自己在其他方向的研究。

在无人机学习的最后一个阶段，可以将不断出现的新技术应用到无人机上。现在，每个领域的新技术都在不断突破，例如新能源、人工智能、大数据等，这些都可以应用到无人机上面，帮助无人机实现集群飞行、路径规划、自主导航等功能，这需要跳出无人机这个范围，观察其他领域的技术突破，再想办法与无人机结合起来，实现无人机行业的进步。

每个人对无人机的学习方法和学习路线都有自己的理解，但有一点需要大家达成共识，那就是必须从基础知识开始，不断积累经验，因为学习没有捷径。

1.2 无人机简介

入门无人机的第一步，首先要了解什么是无人机，无人机主要由哪几部分组成，无人机是什么时候出现的，现在发展到什么程度了，有什么发展趋势，本节将对无人机的基本情况进行介绍。

1.2.1 无人机的基本概念

无人机的全称是无人驾驶飞机，其中“无人驾驶”是指没有人乘坐在这架飞机上进行控制，而不是完全没有人控制，无人机是允许操作人员通过无线电遥控设备进行控制的。现代无人机最大的特点就是具备飞控系统，飞控系统可以维持无人机最基本的稳定飞行状态，辅助操作人员更好地控制无人机，还可以自己执行操作人员预先设置的飞行任务，使无人机完全脱离人的控制自主飞行。

最容易和无人机概念混淆的是航空模型。与无人机相比，航空模型不具备高度保持和位置保持功能，只能在操作人员不间断地操控下才能持续飞行，不带飞控系统的固定翼遥控飞机和没有定高定点功能的穿越机就属于航空模型。

在学习无人机的过程中，还有一些常用的行业术语，为了避免误解，下面对这些常用行业术语做简单介绍。

1. 飞手

飞手是指用遥控器操控无人机的人，为什么强调是用遥控器操控呢，本书的后面章节会讲到，稍微复杂一些的无人机不但需要有一个人用遥控器控制无人机，还需要另一个人通过地面控制软件设置无人机的飞行任务，这个人一般称作无人机机长，用遥控器控制无人机的人一般称作无人机飞手。

2. 炸机

炸机是指无人机因为故障或操作失误坠落，这是大家最不愿意提到的词，因此又给它起了一个更委婉的名字——提控回家。

3. 遥控器和接收机

一整套遥控器系统由天空端和地面端两部分组成，遥控器系统的天空端部分安装在无人机上，遥控器系统的地面端部分就是飞手手持的操控设备。本书中提到的遥控器仅表示地面端手持的操控设备，而天空端的遥控器称为接收机。

4. 打杆

无人机遥控器有两个摇杆，分别控制无人机的前后运动、左右运动、上下运动和转向运动，两个摇杆默认在中间位置。手动控制摇杆叫作打杆，摇杆脱离中心的距离叫作打杆量，当摇杆向一个方向推到头也就意味着打杆量到了最大值。

5. 地面站

地面站是在地面端监控无人机飞行姿态、设置无人机飞行任务的设备，一般是一台笔记本电脑，上面装有控制无人机的软件，同时还连接图传和数传的地面端设备。这一整套系统称为地面站，地面站上面安装的无人机控制软件称为地面站软件。

6. 航时

航时是指无人机从起飞开始在天空中的飞行时间。

7. 悬停

悬停指无人机稳定地飞行在空中，不会水平移动，也不会上下移动。

8. 加锁与解锁

在加锁状态下，无人机电机是锁定状态，推动油门或进行其他操作都不会导致电机转动，解锁之后再推动油门，电机就会开始转动。

1.2.2 无人机的发展现状

关于无人机，我们能找到的大部分资料都是从1917年美国发明的自动陀螺稳定仪开始讲起，从此以后的将近一百多年时间，无人机的发展主要表现在军事领域，而且主要是大型固定翼无人机。民用无人机的发展主要集中在近20年的时间里，小微型民用无人机的快速发展离不开开源飞控系统。世界各地的无人机爱好者通过廉价、开源的飞控系统组装自己的无人机，也有一些人通过修改开源飞控系统拓展无人机的应用领域，所以要介绍无人机的发展历史，可以先从开源飞控系统说起。

2007年，一位名叫克里斯·安德森的人送给女儿一套乐高无人机配件，但当时这套配件的软件还不够强大，无法满足稳定飞行的需求，为了改进这套配件，他建立了网络社区DIY Drones，希望能够在网络上获得大家的帮助。这个网络社区建立之后立刻受到了大量无人机爱好者的欢迎，大家在网络社区讨论各种与无人机相关的技术问题，这些无人机爱好者里面就有一个叫穆尼奥斯的小伙子。

2008年，穆尼奥斯凭借自己开发的飞控赢得了第一届Sparkfun AVC大赛，并且将代码开源到DIY Drones，安德森看到之后非常欣赏穆尼奥斯，于是两个人建立了联系。

2009年，克里斯·安德森与穆尼奥斯合作创办了3D Robotics公司，这家公司随后推出了著名的 APM 开源飞控。同年，在大洋彼岸的深圳，一家名叫大疆的无人机公司推出了一款性能优异的直升机飞控系统——XP3.1 飞控，这款飞控很快就得到了市场的认可。2009 年的故事还不止这些，来自苏黎世联邦理工学院的一个团队赢得了欧洲微型飞行器竞赛的室内自主飞行类别项目的冠军，这个团队的名字叫 Pixhawk，他们还发布了 MAVLink 协议，将代码开源出来，并继续对软件和硬件进行优化，经历了 4 次推倒重来才达到满意的效果，最终将这个开源项目命名为 PX4。

2013 年，3D Robotics 公司和 PX4 团队合作推出了 Pixhawk 飞控硬件，Pixhawk 飞控既可以运行 PX4 固件，也可以运行 3D Robotics 公司的 ArduPilot 固件，并且由于都使用了 MAVLink 协议，所以最流行的两款开源地面站软件（QGroundControl 软件和 MissionPlaner 软件）都可以与这款飞控进行交互。同年，大疆的无人机产品精灵 Phantom1 问世，并迅速占领了消费级航拍无人机市场。

之后，PX4 和 ArduPilot 不断完善，成为最出色的两个无人机开源项目，为无数的无人机从业者和爱好者提供了技术指导。大疆也陆续推出了 Inspire 系列无人机、经纬系列无人机、Mavic 系列无人机等多款产品，成功占领了民用无人机市场。不过这只是民用无人机发展情况的一个缩影，这期间还涌现了大量优秀的开源无人机项目，比如 APM 的前身 Arduino 开源飞控、Openpilot 旗下最流行的硬件 CC3D 飞控，以及 2003 年就推出的 Paparazzi 飞控等，这些开源项目都对民用无人机的发展产生了巨大的推动作用。随后的几年也有大量的无人机公司如雨后春笋般出现，包括农业植保类的无人机公司、电力巡检类的无人机公司、消防救援类的无人机公司、测绘类的无人机公司，它们在各行各业不断探索，最大限度地发挥无人机的价值。

如今，无人机对大家来说已经不像几年前那样新奇了，随着无人机技术的发展，高性能、低成本的无人机已经越来越多地进入大家的视野，无人机行业就像一百多年前的汽车行业一样，正在从探索、尝试阶段向成熟、稳定阶段转变，并且不断在新的领域发挥着越来越大的作用。

1.3 无人机的分类

不同于载人飞机，无人机发生故障不会造成人员伤亡，而且无人机体型较小，材料也相对便宜，这种安全和低成本的特点使得广大的无人机爱好者有条件进行各种尝试，因此无人机的机型、种类迅速丰富起来，各种新奇、有创意的无人机出现在大家面前。本节主要介绍几款最常见的无人机。

1.3.1 固定翼无人机

固定翼无人机的发展历史可以从航模时代开始说起。早在几十年前，人们就开始利用固定翼航模进行航拍、表演、充当靶机，因为当时的控制技术和传感器技术还不成熟，没有飞控的辅助，飞手只能手动操作遥控器。飞手手动控制一架没有自稳功能的多旋翼无人机或者直升机，操作难度是非常大的，但是固定翼无人机的操作则比较简单，因此早期人们接触更多的机型是固定翼无人机。

固定翼无人机依靠发动机的推力产生加速度，速度达到一定值之后，机翼就会产生升力。与旋翼无人机不同，固定翼无人机有更快的飞行速度和更长的航时，更适合长航时、远距离、大面积作业；固定翼无人机的缺点是不能悬停，起飞和降落也不像旋翼无人机那么方便。固定翼无人机常用的起降方式一般是滑跑起飞和降落，但是很多情况下都没有平摊的跑道，因此一些小型固定翼无人机依靠飞手抛出无人机产生的初速度实现起飞，不过这需要一些抛飞机的技巧，错误的抛飞方式会导致无人机失速或翻滚炸机。手抛起飞的固定翼无人机在降落的时候可以采用降落伞的方式，降落之前，降落伞是按标准折叠在无人机机身内的；准备降落时，飞控或遥控器会控制散舱盖打开，弹出降落伞降落，保证无人机缓慢下降不会受损。也有一些大型的固定翼无人机会遇到没有跑道的情况，这种情况下就没有办法采用手抛方式起飞了，无人机工程师们为此开发了皮筋弹射起飞、气动弹射起飞、火箭助推起飞等方式，保证无人机在非常短的距离内达到飞行速度。

常规的固定翼无人机一般由动力电机、机身、电池、飞控系统、副翼和尾翼组成，外型类似人们乘坐的客机。动力电机一般布置在机身最前方或最后方，也有机型将两个动力电机对称布置在机翼上，主要用来控制无人机的速度。副翼和尾翼由舵机来控制，它们协同工作，控制无人机的升降、滚转和转向。固定翼无人机的机翼还有其他布局方式，比如三角翼布局和串列翼布局，每种类型都有各自的优势。

1.3.2　无人直升机

相较于固定翼无人机滑跑起飞或弹射起飞的方式，无人直升机的起飞就简单很多，只要有一块平整的场地，无人直升机就可以垂直起降。无人直升机在飞行过程中既可以快速移动，也可以定点悬停在空中，这一特性使无人直升机的应用范围更广。

无人直升机主要由主螺旋桨、尾桨、飞控系统、动力装置组成，外型与载人直升机相似，主螺旋桨主要用来提供升力，升力的大小通过螺旋桨的螺距来控制，主螺旋桨可以实现无人直升机的上下方向、左右方向和前后方向的运动，尾桨用来抵消主螺旋桨旋转的扭矩，既可以防止直升机自旋，也可以控制直升机转向。不过，无人直升机的机械结构比其他类型的无人机更加复杂，这是由直升机的飞行原理决定的，所以无人直升机的组装和日常维护都比较复杂。

1.3.3　多旋翼无人机

多旋翼无人机是指由三个或者更多旋翼组成的无人机，常见的多旋翼无人机有三旋翼无人机（见图 1.1(a)）、四旋翼无人机（见图 1.1(b)）、六旋翼无人机

（见图 1.1(c)）、八旋翼无人机（见图 1.1(d)）和四轴八桨无人机。多旋翼无人机的结构非常简单，只要保证每个电机垂直固定在机身上就可以，这是因为多旋翼无人机通过控制不同旋翼的转速就可以实现不同的飞行姿态，具体控制原理将在下一节进行详细介绍。

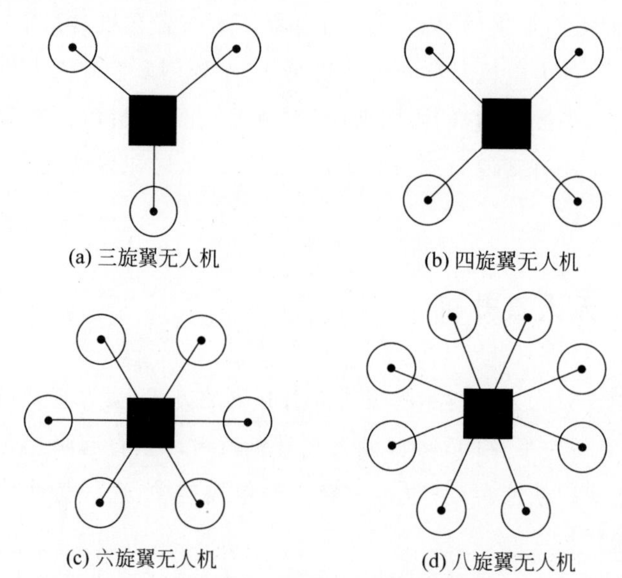

图 1.1　常见的多旋翼无人机的旋翼布局

多旋翼无人机既拥有无人直升机垂直起降、定点悬停的优势，又具备固定翼无人机结构简单、便于维护的特点，因此近年来多旋翼无人机的发展非常迅速，人们选择不同尺寸、不同类型的多旋翼无人机来满足各种需求。既然多旋翼无人机有这么多优势，为什么早期没有像固定翼无人机和无人直升机一样发展起来呢？这是由多旋翼无人机的两个特点决定的，第一个特点是多旋翼无人机的控制非常复杂，单凭飞手进行手动控制操作难度非常大，所以随着传感器和飞控技术的发展，多旋翼无人机才真正发展起来。另一个特点是飞行效率比较低，如果消耗同样的电量，固定翼无人机和无人直升机的飞行时长都可以超过多旋翼无人机。

1.3.4　复合翼无人机

复合翼无人机是将多旋翼无人机和固定翼无人机组合在一起，图 1.2 所示为一架复合翼无人机。复合翼无人机机身上有 4 个向上的螺旋桨，保证复合翼无人机可以像四旋翼无人机一样垂直起降，同时机身尾部有一个尾推螺旋桨提供前进的动力，保证复合翼无人机在巡航阶段和固定翼无人机一样飞行，这种设计集合了多旋翼无人机和固定翼无人机的优点。不过复合翼无人机也有自己的问题，比如在垂直起降时，由于固定翼无人机机翼较大，所以受风的影响很大，抗风能力远低于多旋翼无人机；在巡航过程中，4 个负责垂直起降的电机、螺旋桨和机臂又会形成风阻，降低巡航时间。

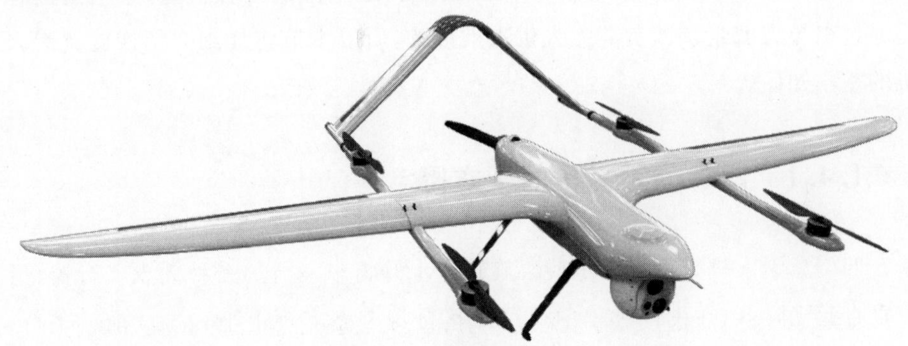

图 1.2　复合翼无人机

复合翼无人机的关键技术是多旋翼模式和固定翼模式的转换，这个过程中，4 个垂直向上的旋翼还在维持升力，尾推旋翼启动推动无人机向前加速，多旋翼和固定翼同时有维持无人机稳定的作用，因此复合翼无人机的飞控算法更加复杂。

1.3.5　扑翼无人机

前面提到的无人机都用到了电机和螺旋桨，那么有没有办法不用这些设备也能在天空中飞行呢？对于这个问题，大自然的鸟类给出了答案，人类通过模仿鸟类扇动翅膀产生升力和推力的原理发明了扑翼无人机。扑翼无人机不依靠螺旋桨飞行，而是通过控制机翼摆动来产生升力。扑翼无人机最大的优势就是能伪装成鸟类，可以隐蔽地进行侦查作业，不易被发现，不过扑翼无人机还不成熟，仍然有许多技术难题需要解决，比如材料问题、续航问题、驱动问题等，后续随着这些问题的解决，扑翼无人机将来也会成为无人机家族中的重要部分。

1.4 四旋翼无人机详解

现在大家已经了解了无人机的基本知识，也认识了各种不同类型的无人机，在这些无人机中，四旋翼无人机是最常见、最基础的一种机型，本书的内容是通过引导大家组装四旋翼无人机来推进的，所以本节将详细介绍四旋翼无人机的基本知识。

1.4.1 四旋翼无人机的基本概念

四旋翼无人机是由4个螺旋桨旋转产生升力来飞行的一种无人飞行器，可以垂直起飞降落，在飞行过程中通过调整自身姿态实现上下、左右、前后飞行，也可以稳定地悬停在空中。四旋翼无人机一般由电池提供能量，电机提供动力，飞手可以通过遥控器实时控制无人机运动，也可以设定航线让无人机按航线飞行。图1.3所示为一架四旋翼无人机。

1.4.2 四旋翼无人机的组成

一架完整的四旋翼无人机一般由机身、动力系统、飞控、电池、地面控制设备组成，这些模块相互协同工作，缺一不可，共同保证无人机的平稳飞行。下面详细介绍每个模块的基本情况。

图 1.3　四旋翼无人机

1. 机身

机身是无人机的主体，为整个系统提供结构支撑，一般选用重量轻、强度高的材料。四旋翼无人机通常有 4 个机臂，最常见的四旋翼无人机一般是 X 型，如图 1.4(a)所示，4 个机臂与机头方向的夹角分别为 45°、135°、225°、315°，4 个电机布置在四角，飞控、电池等其他设备安装在无人机中心。十字型四旋翼无人机如图 1.4(b)所示，4 个机臂与机头方向的夹角为 0°、90°、180°、270°。另外还有 V 型和 H 型四旋翼无人机，如图 1.4(c)和图 1.4(d)所示。不同的机身类型应用的场景不同，对应的飞控算法也不一样，调试无人机时需要在调试软件中选择对应的机身类型，后面讲解调试软件的章节将对此详细介绍。

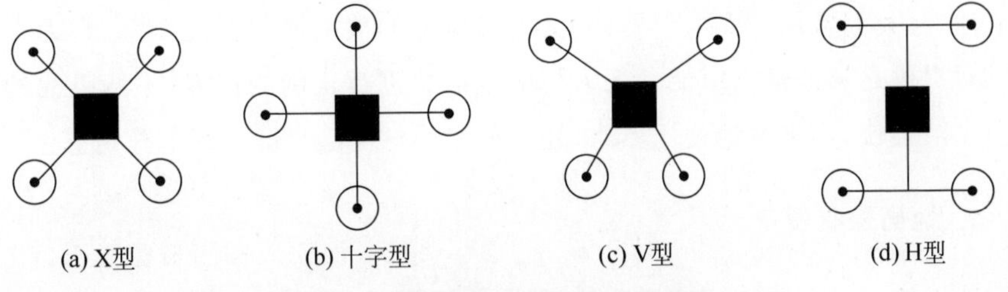

图 1.4　四旋翼无人机的机身类型

2. 动力系统

动力系统包括电调、电机和螺旋桨，电调控制电机转速，电机带动螺旋桨旋转产生升力。电调的全称是电子调速器，主要用来调节电机速度，飞控通过传感器信息计算出预期的电机转速之后，不能直接与电机通信控制转速，而是把转速信息发送给电调，由电调控制电机速度。无人机电机一般使用无刷电机，与玩具四驱车上的有刷电机相比，无刷电机去掉了换向电刷，结构更加简单，而且噪声低、寿命长，配合电调使用能够灵敏、准确地控制速度。螺旋桨通过高速自旋产生升力，电机转速越快则螺旋桨升力越大，四旋翼无人机通过 4 个螺旋桨的不同升力来控制姿态。

3. 飞控

飞控是无人机的大脑，通过接收传感器的数据来获取自身姿态，然后通过飞控内部的算法计算出各个电机的转速来控制姿态。飞控中不仅内置多种传感器，还可以通过通信接口连接外置传感器，飞控将这些传感器数据进行融合处理，就得到了比较准确的无人机数据，包括倾斜角度、高度、位置、速度、电池电量等。这些信息传输给飞控处理器之后，飞控内部的程序就会计算出各个电机的预期转速，最后将转速信息传输给电调实现飞行。

4. 电池

电池为无人机提供能量，保证各个模块稳定工作。无人机使用的电池是动力电池，与我们常用的充电宝不同，无人机电池的放电能力更强，可以在无人机飞行时提供足够的输出电流。无人机电池需要进行正确的保养，不然电池的容量会衰减很快，如果电池使用不当，还可能发生电池起火爆炸的危险情况。

5. 地面控制设备

地面控制设备包括遥控器和地面站，主要用来帮助操作人员上传控制指令到无人机飞控。遥控器一般由两个摇杆和若干个拨杆组成，两个摇杆控制无人机的上下运动、前后运动、左右运动和转向，其他拨杆可以根据使用习惯自行设置，实现无人机的模式切换、解锁、返航、降落等功能。遥控器是无人机的标配，基本每架无人机都要搭配一个遥控器才能飞行，大多数无人机用遥控器就可以完成飞行任务了，但是也有一些无人机只需要用地面站或者同时使用遥控器和地面站完成飞行任务，这些无人机的飞行任务一般比较复杂，需要规划航线、设置任务，并且需要在操作无人机的同时控制无人机上的挂载。

以上就是四旋翼无人机几个重要模块的基本介绍，图 1.5 所示为这些模块在一架四旋翼无人机上的关系。

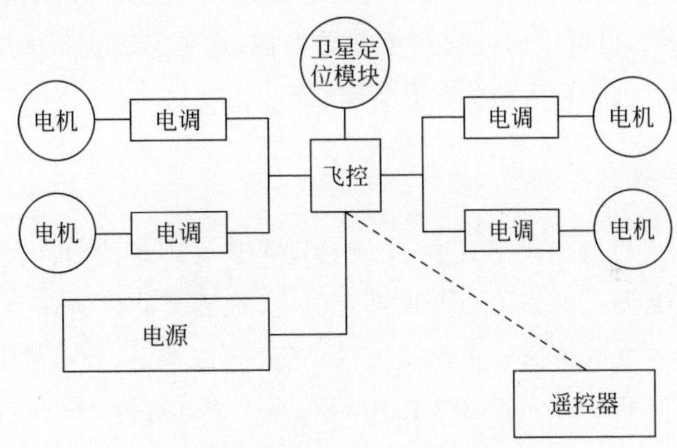

图 1.5　四旋翼无人机各模块的关系

1.4.3　四旋翼无人机的飞行原理

学习四旋翼无人机的飞行原理之前，首先要了解几个关于姿态的专业名词，这几个名词可以帮助我们更好地理解后面的内容。无人机一般有 3 种姿态角，分别是俯仰角、横滚角和航向角，俯仰角是无人机低头和抬头的角度，如图 1.6(a)所示；横滚角是无人机左右摆动的角度，如图 1.6(b)所示；航向角是无人机机头转弯的角度，如图 1.6(c)所示。这 3 个姿态角基本适用所有的无人机机型。

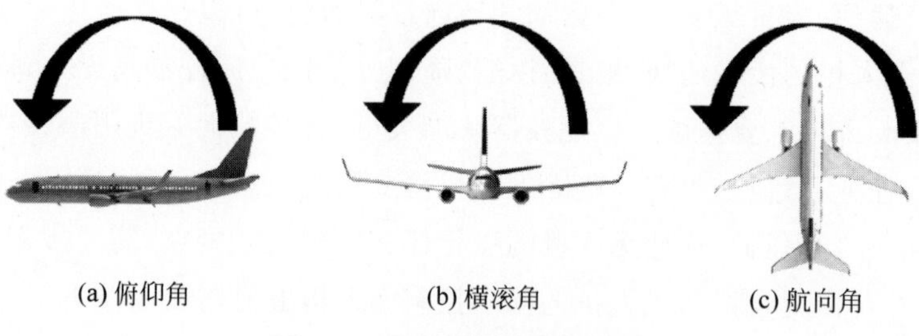

(a) 俯仰角 (b) 横滚角 (c) 航向角

图 1.6 无人机的 3 种姿态角

四旋翼无人机只有 4 个固定向上的螺旋桨，但是它可以做俯仰运动、横滚运动和转向运动，也可以向任何一个方向平移，这是怎么实现的呢？下面逐一分析四旋翼无人机各种运动状态的实现原理。

1. 上下运动

四旋翼无人机的运动形式中，上下运动是最好理解的，我们先从简单的开始介绍。四旋翼无人机的 4 个电机垂直向上，螺旋桨旋转时产生向上的升力，螺旋桨的升力与电机转速成正比例关系，电机转速越快，升力越大。四旋翼无人机垂直运动时的受力分析如图 1.7 所示，当 4 个电机提高转速后，4 个螺旋桨升力的合力就会不断增大，直到超过无人机的重力，无人机就开始向上运动；同理，当升力小于重力时，无人机就会下降；当升力与重力相等时，无人机就会维持在这个高度。

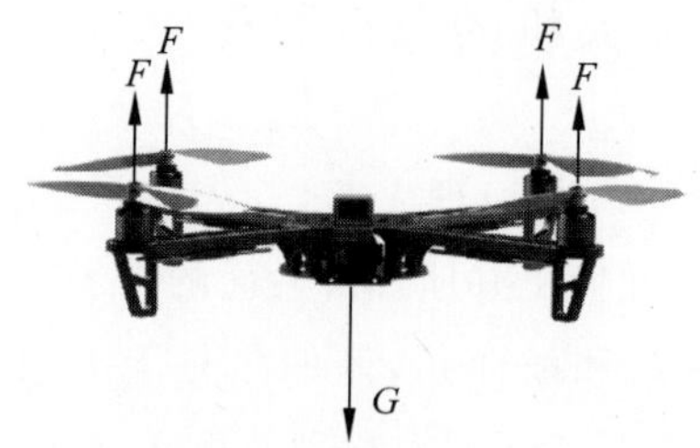

图 1.7 四旋翼无人机垂直运动时的受力分析

2. 平移运动

前面介绍了四旋翼无人机垂直运动的原理，但是四旋翼无人机的垂直运动是在一个理想状态下完成的，这个理想状态是 4 个螺旋桨的升力相同并且外界没有任何干扰。如果无人机 4 个螺旋桨的升力不相同，无人机就会发生倾斜，比如无人机右侧的两个螺旋桨升力超过左侧，无人机就会向左做横滚运动，此时无人机的受力分析如图 1.8 所示。从图中可以看出，无人机 4 个螺旋桨的升力指向左上方，此时 4 个螺旋桨升力的合力就会出现一个向上的分力 F_1 和一个向左的分力 F_2，如果 F_1 与重力相等，无人机就实现了高度方向的稳定，但是 F_2 会导致无人机向左运动，这就是无人机平移运动的原理，通过使无人机倾斜实现沿水平分力方向运动。如果需要向右运动，无人机就调整左侧两个电机的转速超过右侧两个电机，此时左侧的螺旋桨升力更大，无人机就会向右倾斜，实现向右的平移运动，向前和向后平移也是同样的原理。

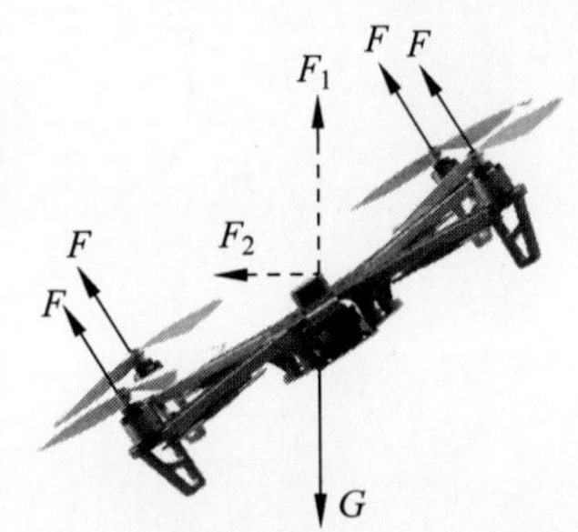

图 1.8 四旋翼无人机平移运动时的受力分析

3. 转向运动

四旋翼无人机的垂直运动和平移运动都相对好理解，转向运动就比较抽象了，要想理解这个问题，需要先从直升机开始说起。常规类型的直升机有一个主螺旋桨和一个尾桨，主螺旋桨好理解，为直升机提供升力，那么尾桨的作用是什么呢？如果各位读者经常看战争题材的电影就会发现一个细节，当直升机的尾桨受损失效之后，直升机就会开始自旋，然后坠落，这是因为直升机带动主螺旋桨旋转就会产生扭矩，这个扭矩会让直升机机身自旋，而尾桨产生一个横向的反作用力，正好可以抵消这个扭矩，当尾桨失效后，直升机也就开始自旋了。

依据这个原理就可以实现四旋翼无人机的转向运动，具体实现方法是斜对角的两个螺旋桨顺时针旋转，另外两个螺旋桨逆时针旋转，具体旋转方向如图1.9所示。当左前电机和右后电机增加转速之后，会给机身带来一个反向的扭矩，无人机就会逆时针旋转；同理，如果右前电机和左后电机转速较高，无人机就会顺时针旋转，当顺时针旋转的螺旋桨和逆时针旋转的螺旋桨产生的扭矩相同时，无人机就可以维持当前的航向了。

图1.9 四旋翼无人机的螺旋桨旋转方向

四旋翼无人机螺旋桨常见的旋转方式有两种：第一种是左前螺旋桨和右后螺旋桨顺时针，另外两个螺旋桨逆时针；第二种是左前螺旋桨和右后螺旋桨逆时针，另外两个螺旋桨顺时针。本书中要组装的无人机采用第一种旋转方式。在学习本节内容之前，许多读者可能没有注意过四旋翼无人机螺旋桨的转向，我接触到的很多人最开始都以为无人机的四个螺旋桨是沿同一个方向旋转的，这就是四旋翼无人机的魅力所在，通过简单的结构和巧妙的构思就可以实现各种飞行动作，当然这也需要高效、复杂的飞控算法做支撑。

1.4.4　四旋翼无人机的飞行模式

无人机起飞后悬停在空中，我们通过遥控器摇杆就能控制无人机运动，摇杆的打杆量越大，无人机的运动速度就越快。摇杆回中，无人机悬停在空中，水平方向和高度方向都维持不动，这种状态是大家刚接触四旋翼无人机时经常看到的场景，其实这只是无人机的一种飞行模式，叫作定点模式，这种模式是最常用的飞行模式，也是最易操作的模式。

无人机的另一种飞行模式叫作定高模式，在这种模式下无人机仍然能够保持高度，但是不再保持位置不变，当外界环境有风时，无人机会发生飘移，需要飞手实时控制来维持原位。在定点模式下打杆量控制的是无人机的移动速度，而在定高模式下打杆量控制的是无人机的角度，这种模式下无人机只需要按打杆量倾斜相应的角度，就会沿倾斜方向加速运动。可能有人不明白，既然定点模式可以稳定飞行，为什么还需要定高模式这种比较难的操作模式呢？这是因为无人机在飞行过程中可能会遇到定位模块损坏或者被干扰的情况，无人机若失去了定位信息，就没有办法悬停了，可能还会向一个错误的方向飞去，这种情况下，飞手可以通过定高模式来控制无人机，因为定高模式是不需要定位信息参与的。

现在假设飞手比较倒霉，在飞行过程中不但定位模块被干扰了，高度传感器也同时失效，无人机连高度都无法保持了，这种情况下可以选择手动模式。在手动模式下，无人机既不能保持位置也不能保持高度，飞行状态完全由遥控器控制，这种模式对飞手的飞行技能要求很高，需要飞手进行长时间的练习。

1.5　组装无人机的准备工作

工欲善其事，必先利其器。在组装属于自己的第一架无人机之前，需要充足的准备工作，盲目的组装不仅不能保证无人机的质量，而且还会浪费时间。

组装无人机要做的准备工作主要有3部分，一是准备无人机装配需要用到的各种零配件，二是准备组装无人机需要用到的各种工具，三是学习使用这些工具的技能、无人机的装配知识和飞行技术。本节将为大家详细介绍这些准备工作。

1.5.1 无人机配件准备

四旋翼无人机的型号有很多，考虑到本书的读者对象是入门学习者，所以本书选择了一款成本低、尺寸适中、操作简便的机型——F450无人机。组装一架F450无人机需要准备1个无人机机架、4个无刷电机、4个螺旋桨、4个电调、1个飞控、1个定位模块、1个电池、1个充电器、1套遥控器和接收机，图1.10所示是F450无人机的配件。每个配件的选型标准将在各章详细介绍，比如第2章会讲解电机型号和螺旋桨型号如何匹配，第4章会介绍如何根据电调性能选择电池的容量和放电倍率，第5章会介绍飞控和定位模块如何选型。

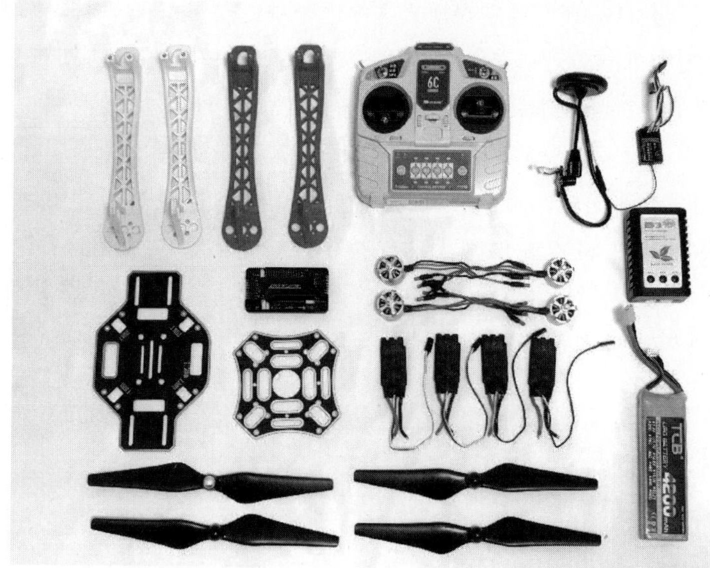

图1.10 F450无人机的配件

1.5.2　组装工具准备

组装一架无人机最基础的工作就是拧螺丝，无人机一般使用内六角杯头螺丝，所以需要准备各种型号的内六角螺丝刀，常用的型号有 2.0mm、2.5mm 和 3.0mm，图 1.11 所示为组装无人机常用的内六角螺丝刀。无人机飞行过程中，电机和螺旋桨会产生震动，长时间的高频震动会导致螺丝脱离，这对一架无人机来说是非常危险的，所以无人机上的螺丝一般都会涂抹螺丝胶，保证螺丝在震动环境中不会脱落。

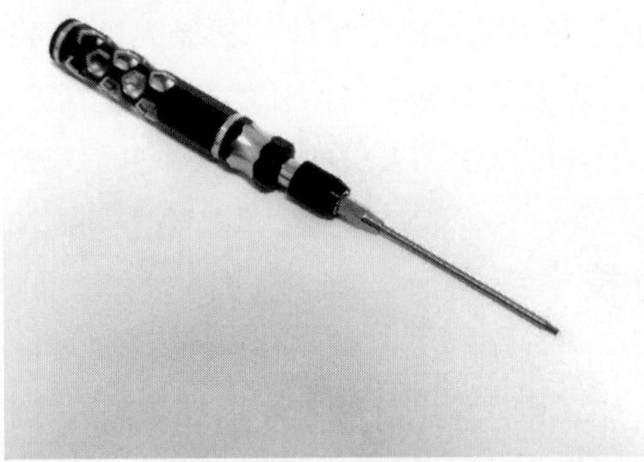

图 1.11　内六角螺丝刀

电机、电调、飞控等电子模块需要供电和通信，只有一部分电源线和信号线使用连接器连接，另外一部分线材就需要进行焊接了，因此还需要准备一个电烙铁。焊接线材后，为了避免两根电源线的焊接处接触短路或者信号线焊接处接触，需要对焊接处套热缩管做绝缘处理，建议准备带热风枪的电烙铁，如图 1.12 所示，热风枪可以加热热缩管使其缩紧，需要随同电烙铁一起准备的工具还有焊锡丝或锡膏。焊接不良导致供电不足或信号中断也是无人机炸机的一个重要因素，因此除了准备这些焊接工具，大家还需要多加练习并提高自己的焊接技术。

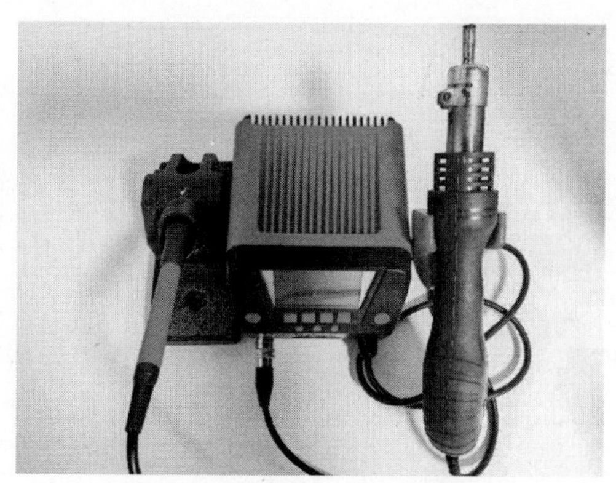

图 1.12　带热风枪的电烙铁

前面准备的工具已经能基本满足组装一架无人机的要求了，不过为了提高装配效率和装配质量，还需要准备一些额外的工具，包括万用表、尖嘴钳、剪刀、双面胶和扎带，这些工具可以让无人机的组装工作更加规范。

1.5.3　飞行技术练习

完成本书的学习之后，大家会装配好一架四旋翼无人机，为了验证装配和调试结果，还需要进行飞行测试，所以还需要做的一项准备工作就是掌握飞行技巧，大家可以在学习前面章节的过程中每天进行练习，为第 7 章的飞行做好准备工作。练习无人机飞行技巧不需要使用一架真正的无人机，现在有很多模拟器软件可以供我们选择，这些软件里面的无人机模型已经非常接近现实情况，而且可以模拟各种天气情况、设置风力和风向。图 1.13 所示是一款常用的无人机模拟器软件 PhoenixRC 的界面。

练习飞行技巧时还需要准备一个可以连接模拟器软件的遥控器，如图 1.14 所示。这种遥控器自带连接线，连接到计算机被模拟器软件识别到就可以直接使用了。

图 1.13　PhoenixRC 无人机模拟器软件界面

图 1.14　连接模拟器软件的遥控器

1.5.4　四旋翼无人机机架组装

F450 无人机机架的组装比较简单，机架由 4 个机臂、1 个上碳板和 1 个下碳板组成。组装时首先将 4 个机臂与机身下碳板连接，这时我们会注意到机臂有两种颜色，这样可以保证无人机在空中飞行时，飞手可以轻易地辨别机头方向，避免出现操作失误，所以安装时要将同一种颜色的两个机臂安装在机头，另外两个相同颜色的机臂安装在机尾，如图1.15所示。另外，安装时先不要拧紧螺丝，等机架组装完成后再拧紧螺丝。

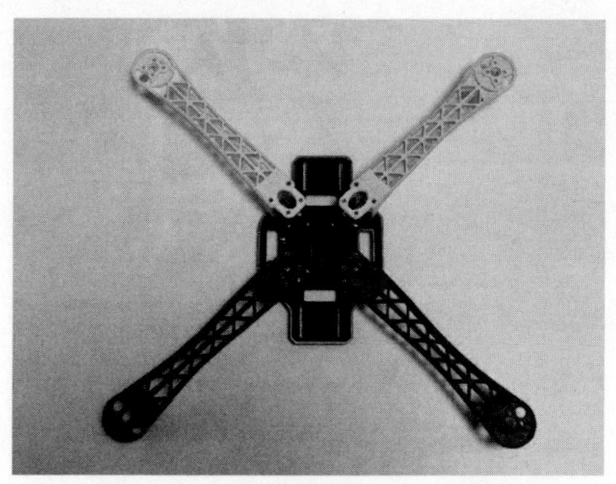

图1.15　安装机臂与机身下碳板

接下来安装机身上碳板，安装完成后就可以将所有螺丝拧紧了，这样就得到了一个F450无人机的机架，如图1.16所示。

图1.16　F450无人机的机架

1.6　本章小结

第 1 章首先介绍了无人机学习的一些方法，避免大家在学习无人机时走弯路；然后介绍了无人机的基础知识，并对四旋翼无人机的概念、飞行原理和各个重要模块进行了详细介绍；最后讲解了自己组装无人机要做的各项准备工作。

第2章 动力系统

第 1 章讲解了无人机的基本概念和飞行原理，并且对无人机的几个重要组成部分也做了初步介绍，从本章开始，将对四旋翼无人机的组成部分进行逐一讲解。本章主要介绍无人机的动力系统，行业内对无人机动力系统的定义不太明确，本书认为动力系统包含电机、电调和螺旋桨 3 部分，本章也是围绕这 3 部分的内容展开的。本章的主要内容如下。

- 电机的详细介绍。
- 电调的详细介绍。
- 螺旋桨的详细介绍。
- 动力系统的选型和安装。

2.1 无人机动力系统简介

无人机动力系统是指为无人机提供动力从而实现飞行的部分。如果把无人机比作一个人，那么动力系统就像无人机的四肢，有了动力系统，无人机才能执行各种飞行任务，无人机飞控中各种先进的算法都需要动力系统来实现。

无人机较早使用的动力系统是活塞发动机，主要用在固定翼无人机上，这是因为以前的固定翼航模使用活塞发动机提供动力，发动机带动螺旋桨转动，由飞手通过遥控器控制一个舵机，舵机再来控制发动机油门，所以也有一些固定翼无人机使用活塞发动机。不过活塞发动机的体积比较大，而且需要经常维护与保养，于是就有一些固定翼无人机改用无刷电机来提供动力。无刷电机一般与电调配合使用，与直接控制活塞发动机的油门不一样，可以通过给电调发送电信号来控制电机转速。不过电机需要用电池提供能量，与活塞发动机相比，电池加电机的动力系统续航能力远不如活塞发动机。

关于是选择活塞发动机还是选择电机，四旋翼无人机是没有这个困扰的。学习过飞行原理之后可以知道，四旋翼无人机需要快速、精确地控制螺旋桨转速，这种要求只有电调控制电机才能满足，活塞发动机是不满足要求的，所以四旋翼无人机的螺旋桨都是由电机驱动的。四旋翼无人机还有一种动力方式是使用发动机发电，再由电驱动无刷电机提供动力，这种方式既发挥了无刷电机响应灵敏的优势，又绕开了电池续航短的弊端。

本书要组装的无人机相对简单，直接由电池提供能量，电调驱动电机转动，这也是大多数四旋翼无人机的动力选择。接下来详细介绍电机、电调和螺旋桨的相关知识。

2.2　电机

电机是把电能转换成机械能的设备。说到电机，大家应该再熟悉不过了，电机虽然没有直观地出现在我们眼前，但是却在我们生产、生活的各个场景中发挥着作用。日常生活中用到的空调、冰箱、洗衣机、抽油烟机、电风扇，办公中用到的打印机、碎纸机、计算机，公路上的电动汽车、电动自行车、电动轮椅、平衡车，健身房的跑步机，理发店的吹风机，银行的点钞机，到处都有电机的影子，它们驱动整个社会高速运转。

最初的电机原型是苏格兰的安德鲁·戈登在18世纪40年代制造出来的，

经过两百多年的发展，电机技术已经非常成熟，不同类型、不同大小、不同功率的电机被制造出来，应用在各种使用场景中。电机的种类繁多，分类方式也多种多样，按工作原理可以分为交流电机和直流电机，按电刷情况可以分为有刷电机和无刷电机，按工作方式可以分为同步电机和异步电机，按应用场景可以分为高速电机和力矩电机，这些电机各有特点，也都有各自的应用场景。无人机对电机的要求是重量轻、效率高、耐磨损，因此无人机电机一般以直流无刷电机为主。

2.2.1 无刷电机的工作原理

要了解无刷电机的工作原理，需要先从安培定则开始说起，大家上网搜索一下就可以了解它的定义：安培定则也叫右手螺旋定则，意思是用右手握住通电的螺旋线管，四指指向电流方向，那么大拇指指向就是 N 极。安培定则不仅告诉我们通电线圈可以产生磁场，还说明了磁极的方向，电机的本质就是控制通电线圈产生的磁场。

我们最早接触的电机应该是四驱车里面的有刷电机，这个电机的工作原理如图 2.1 所示。电机外壳两侧内壁上固定了两个磁铁，一个磁铁对内是 S 极，另一个磁铁对内是 N 极，电机中心轴上有一个通电线圈，固定磁铁的外壳是定子，电磁线圈是转子。我们按图 2.1(a)所示方式给线圈通电，根据安培定则可以知道线圈上方产生 N 极，下方产生 S 极，根据同性相斥、异性相吸的原理，通电线圈会逆时针旋转，直到线圈到达图 2.1(b)所示状态，由于惯性的原因线圈会继续转动，到达图 2.1(c)所示状态；此时给线圈反向通电，线圈产生的磁极就会反向，根据同性相斥的原理，线圈会继续逆时针旋转，当旋转到达图 2.1(d)所示状态时，线圈的旋转扭矩最大，会继续逆时针旋转，这就是有刷电机转动的原理。可能有读者会问，旋转中如何给线圈反向通电呢，总不能在电机工作过程中不断地来回更换电池方向吧？有刷电机中有电刷和换向器，换向器固定在转子上，线圈旋转过程中换向器也跟着旋转，两个电刷固定在定子上，分别连接电源的正极和负极，然后和换向器两侧接触，在转子旋转的过程中，换向器就实现了线圈的反向通电。

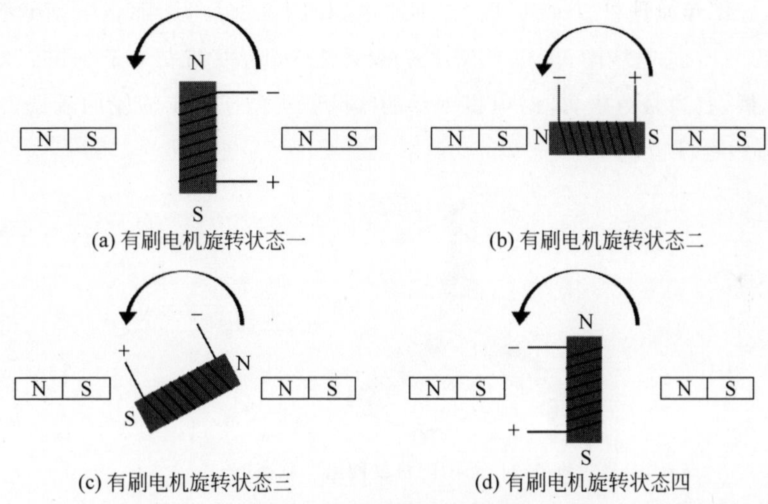

图 2.1　有刷电机工作原理

有刷电机有结构简单、成本低、控制平稳等优点，但是也存在一个非常严重的缺点，就是电刷会磨损，电机寿命会受影响，这对很多设备来说是不能接受的。长期工作之后，如果电刷磨损导致电机停止工作，则会严重影响工作效率，对于无人机来说甚至可能造成炸机。面对这种情况，工程师们发明了不需要电刷的电机，也就是无刷电机。

没有了电刷和换向器，无刷电机是怎么转起来的呢？我们首先观察一下无刷电机和有刷电机在外观上的区别就会发现，有刷电机对外有两条导线连接电源的正负极，而无刷电机对外有 3 条导线，这 3 条导线连接无刷电机内部的 3 个线圈。图 2.2 所示是无刷电机的基本结构，电机的圆形外壳为转子，带动螺旋桨转动，内部的 3 个线圈为定子，固定不旋转。我们将 3 个通电线圈的

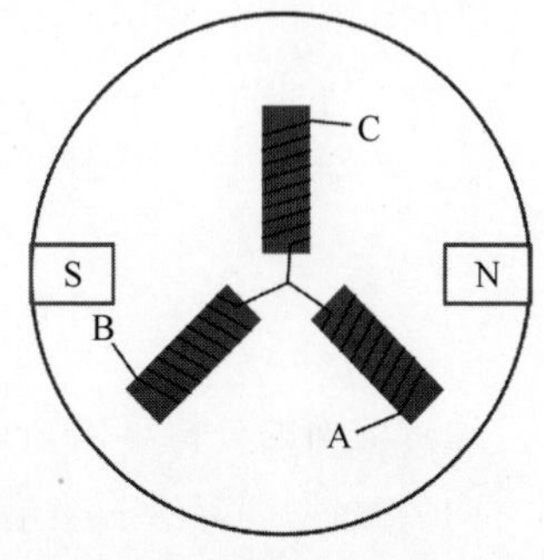

图 2.2　无刷电机的基本结构

一端连接在一起，另一端分别是 A、B、C，也就是无刷电机对外的 3 条导线，接下来给任意两条导线通电并观察会发生什么。

首先给 A 接正极，B 接负极，C 不通电，如图 2.3 所示，那么下面两个线圈就形成了一个通电线圈，可以把两个线圈看成一体，根据安培定则可以知道左边是 N 极，右边是 S 极，此时电机内部的线圈就类似于一个横置的磁铁，左边是 N 极，右边是 S 极。

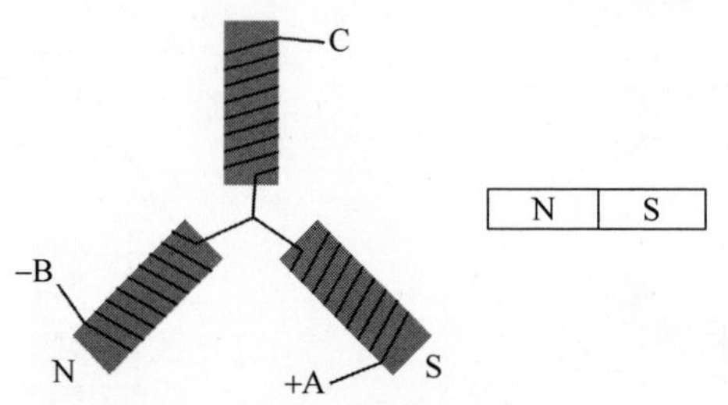

图 2.3　无刷电机线圈通电状态（一）

接下来仍然给 A 接正极，但是不再给 B 通电，而是给 C 接负极，如图 2.4 所示，根据安培定则可以知道，此时线圈的上边是 N 极，右下角是 S 极，此时电机内部的线圈就类似于一个倾斜 60°的磁铁，左上是 N 极，右下是 S 极。

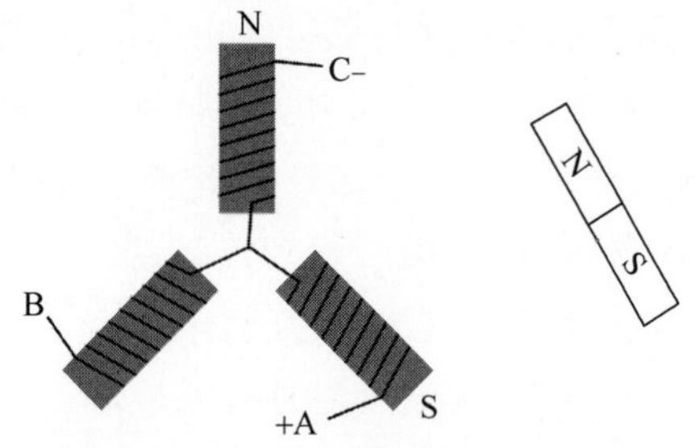

图 2.4　无刷电机线圈通电状态（二）

通过前面的分析可以知道，给无刷电机的两个不同线圈通电就会模拟出不同方向的磁铁，同理给 B 接正极，C 接负极，如图 2.5(a)所示，就会模拟出一个右上是 N 极，左下是 S 极的磁铁；给 B 接正极，A 接负极，如图 2.5(b)所示，就会模拟出一个右侧是 N 极,左侧是 S 极的磁铁；给 C 接正极,A 接负极,如图 2.5(c)所示,就会模拟出一个右下是 N 极,左上是 S 极的磁铁；给 C 接正极,B 接负极,如图 2.5(d)所示,就会模拟出一个左下是 N 极,右上是 S 极的磁铁。

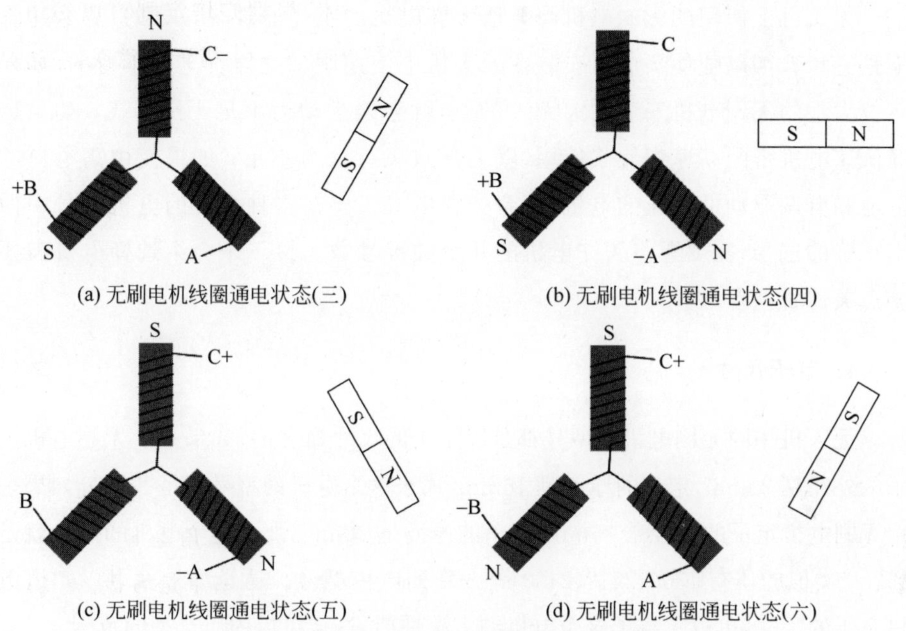

图 2.5 无刷电机线圈通电的 4 种状态

现在大家应该明白了,如果循环给 A、B、C 接通电源的正极和负极,电机线圈就会模拟出一个顺时针旋转的磁铁,也就是说可以通过调整电机线圈的通电方式控制磁场方向。上面的示例中用的无刷电机定子是通电线圈,转子是带磁铁的外壳,注意这里的定子和转子与前面的有刷电机是相反的,有刷电机的定子是带磁铁的外壳,转子是通电线圈,通电线圈固定安装。电调通过控制算法有规律地给 A、B、C 接通电源的正极和负极,通电线圈就会产生不同方向的磁场,转子上固定安装了磁铁,根据同性相斥、异性相吸的原理,转子就会跟随定子的磁极一起旋转,定子磁极旋转越快,转子旋转就越快,转速就越高,这就是无刷电机的工作原理。

2.2.2 无刷电机的参数

无人机上使用的无刷电机与普通无刷电机的工作原理是一样的，那么这是不是意味着可以随便买电机安装在无人机上使用呢？这样肯定是不行的，如果将拉力小的无刷电机安装在大无人机上，就会因为动力不足无法起飞；如果选择低速电机搭配高速螺旋桨使用，就会导致飞行动力不足；如果使用高电压的电池和电调驱动低电压的电机，就会烧毁电机。要在多种多样的电机型号中做出正确的选择，需要重点关注电机的几个关键参数。接下来介绍选择电机需要重点关注哪些参数。

1. 定子尺寸

无人机用的无刷电机的型号都是以定子的尺寸命名的，如果一个无刷电机定子的外径是 22mm，定子的厚度是 16mm，那么这个电机的型号就是 2216；如果一个无刷电机定子的外径是 35mm，定子的厚度是 20mm，那么这个电机的型号就是 3520；类似的还有 1306、2212、2450 等一系列电机型号。通过型号就可以知道电机定子的尺寸，也就了解了这个电机的大致性能，这样可以缩小选型的范围。

2. KV 值

无刷电机的另一个重要参数是 KV 值，这个值代表电机空载时转速与通电电压的关系，如果一个电机的 KV 值是 1000，给这个电机接通一个 12V 的电压时，其转速就会达到 12 000RPM。在相同的供电电压下，KV 值越高的电机转速越快，对于同一个电机来说，供电电压越高，转速也就越快。

3. 定子槽数、磁极数

上一小节介绍无刷电机的时候画了一个无刷电机的基本结构，电机的定子是 3 个通电线圈，可以模拟出磁铁在 0°、60°、120°、180°、240°、300°这 6 个角度顺时针旋转的效果，这种方式虽然可以让转子转动，但是转子的运动类似于在这6个角度上"跳跃"，每旋转一圈要"跳跃"6次，转动不顺滑，那么如何解决这个问题呢？最简单、有效的办法就是增加线圈的数量，这样转子"跳跃"次数就会变多，跳跃的行程就会缩短，可以抽象地通过图2.6来理解，从图2.6(a)到图2.6(b)"跳跃"的次数增多了，也就更接近一个圆形了，运动起来就更平稳。

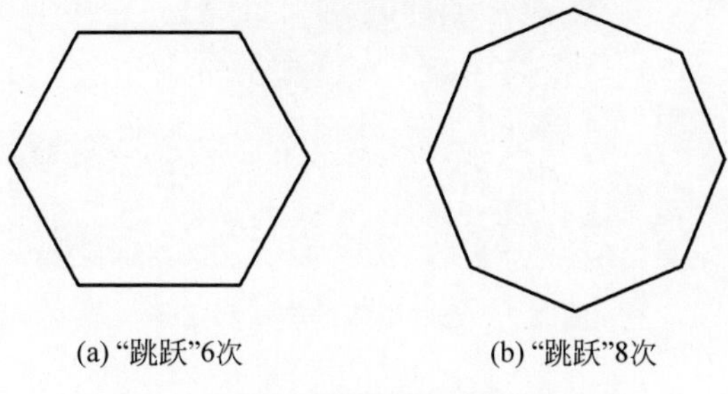

(a)"跳跃"6次　(b)"跳跃"8次

图2.6　增加通电线圈对转动的影响

通电线圈的数量就是定子槽数，定子槽数是3的倍数，定子槽数越多，转子的运动就越顺滑，磁极数是转子上磁铁的数量，定子槽数越多，磁极数就越多，不过磁极数不能与定子槽数相同，这是电调的启动算法决定的。如果两者数量一致，可能在某次启动时每个磁极都处在与通电线圈对准的位置，这种情况下通电就会出现"锁死"的状态，电机就无法启动了，只有磁极数与定子槽数不相同时才会出现交错的情况，图2.7所示为一个无刷电机的转子和定子。

4. 支持锂电池节数

无刷电机还会提供一个参数就是支持的锂电池节数，关于电池节数的问题将在第4章详细介绍。大家暂时可以把这个参数理解为电机支持的电压是多少，因为在装配无人机时会根据无人机的重量和续航要求选择电池，如果选择的电池电压与无刷电机支持的电压不匹配就可能损坏电机。

5. 拉力

无刷电机还有一个重要的参数值是拉力，电机厂家会为电机提供一个拉力

图 2.7 无刷电机的转子和定子

参数表，展示这款电机适配某个型号的螺旋桨之后，在不同油门下的电压、电流、转速、扭矩、拉力和力效，每个电机的拉力不是一个固定值，实际中，拉力会受电压、油门和螺旋桨型号的影响，根据这个表选择适合自己无人机的电机型号，本章最后介绍动力系统选型时会详细分析这个表格。

2.3 电调

四旋翼无人机稳定飞行的关键就是精确控制电机转速，控制电机转速的工作是由电调完成的。电调(全称电子调速器)可以接收飞控的控制信号并快速驱动电机来响应，无人机电调主要分为有刷电调和无刷电调两种，由于本书中要组装的无人机使用的是无刷电机，所以本节着重介绍无刷电调，无刷电调也是整个无人机行业使用最多的电调。

常用的无刷电调的外观形态如图 2.8 所示，左侧的红黑两根线接无人机电池，是驱动电机的能量来源。左侧的另外一组线是信号线，信号线连接飞控，接收飞控的控制信号，信号线有两种类型，一种类型的信号线由 PWM(pulse-width modulation，脉宽调制）线和地线组成，PWM 线传输转速信息，地线做零位参考，还有一种类型的信号线还多了一个 5V 线，代表这款电调支持 5V 供电，电调获取电池电量后不但可以用来驱动电机，还可以将一部分电量降压成 5V 为飞控或舵机供电。右侧的 3 个电线接口用来接电机，也就是前文提到的定子线圈的 A、B、C 端，这就是一个常用无人机无刷电调的基本形态。

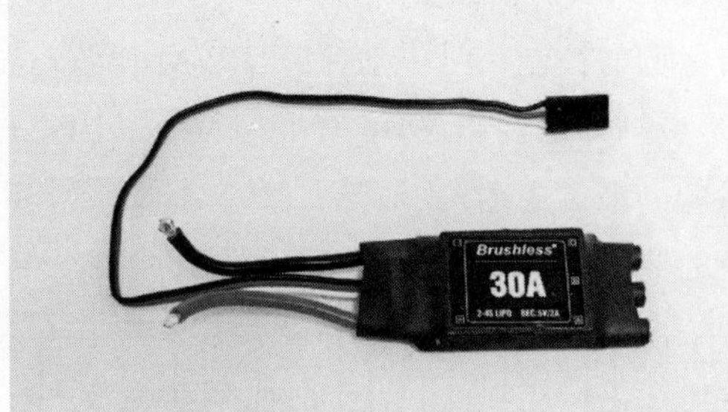

图 2.8　无人机无刷电调

上面介绍的电调是分体电调，一个电调控制一个电机，还有一种电调叫四合一电调，一个电调可以同时控制 4 个电机，如图 2.9 所示。这种电调结构紧凑，更适合小型四旋翼无人机，穿越机一般都使用这种电调。

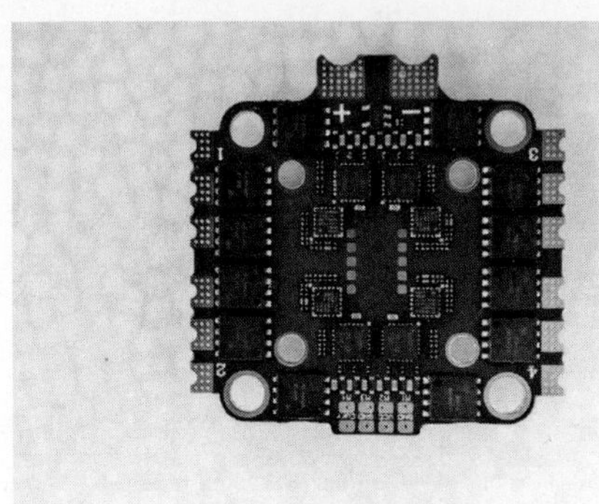

图 2.9　四合一电调

2.3.1 电调的工作原理

电调在运行过程中主要进行两个工作，一个是接收并解析飞控的控制信号，另一个是将电池的直流电转换为三相交流电控制无刷电机转动，本节将详细介绍电调的工作原理。

无人机飞控发给电调的控制信号一般采用PWM协议，这种协议在通信领域应用非常广泛，也是最早的电调协议，一直沿用至今。PWM协议是通过单片机引脚高频的输出高低电平产生的，其波形如图2.10所示，要传递的信息就包含在高电平和低电平的宽度中。

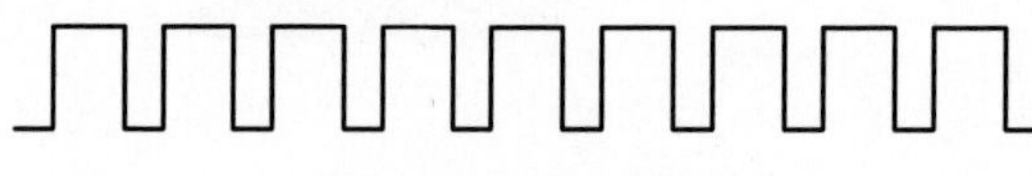

图2.10 PWM波形

PWM有4个重要的参数，分别是周期、频率、脉宽和占空比，周期是指从高电平到低电平，再回到高电平的时间，如图2.11所示。频率是指1s内会重复多少个周期，比如一个PWM信号的周期是20ms，那么1s就包含50个周期，频率就是50Hz。脉宽是指一个周期内高电平所占的时间。占空比是指一个周期内脉宽与一个周期的比值，如果一个周期是20ms，脉宽时间是16ms，那么低电平占的时间就是4ms，这个PWM的占空比就是80%。

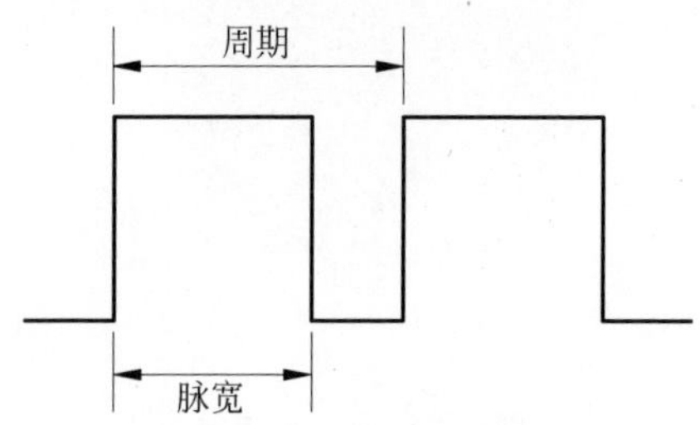

图2.11 PWM的周期和脉宽

现在常用的电调一般靠脉宽决定转速，脉宽 1ms 代表最低转速，脉宽 2ms 代表最高转速。电调对频率没有太严格的要求，一般在 50～400Hz 范围内，不能太高，比如 PWM 频率到达 800Hz，那么整个周期只有 1.25ms，脉宽最大也不会超过 1.25ms，这样就没办法通过脉宽控制电机速度了。

飞控和电调之间的通信协议还有很多，我们刚才提到的 PWM 是一种模拟协议，模拟协议还有 Multishot、Oneshot125 等。除了模拟协议，有些电调还可以解析数字协议，如 DShot300、DShot600、DShot1200 等。由于模拟信号主要通过脉宽确定转速，所以模拟信号无法确定油门的最大和最小值，因此使用模拟信号电调时需要增加一个电调校准的过程，后面会介绍具体的校准过程。数字信号的协议带有校验位，传输信号时不会出错，传输的转速信息也是绝对值，所以不需要校准电调。

接下来介绍无刷电调是如何将电池的直流电转换为三相交流电驱动电机转动的，为了实现这个功能，无刷电调一般都带有 6 个 MOS 管（metal-oxide-semiconductor field-effect transistor，金属-氧化物半导体场效应晶体管）。大家可以把 MOS 管理解成开关，这个开关可以通过芯片引脚的高低电平控制，6 个 MOS 管的布局如图 2.12 所示，左侧为电调的基本组成，有电源的正负极输入，输入后连接 6 个 MOS 管，然后有 3 根电机线输出，连接右侧无刷电机的 A、B、C 端。

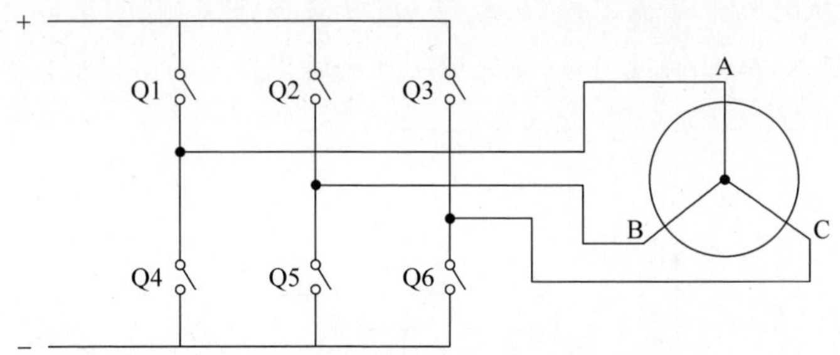

图 2.12 无刷电调中 6 个 MOS 管的布局

根据前面介绍的无刷电机工作原理，要让电机转起来，电调就需要具备给 A、B、C 交替通电的能力。如果想先给 A 接正极，B 接负极，C 不通电，这种情况下电调只需要把 MOS 管 Q1 和 MOS 管 Q5 改成接通状态，其他 MOS 管保持断开状态，如图 2.13 所示。电流从正极开始，由于 Q2 和 Q3 都是断开状态，于是就经过了 Q1，由于 Q4 是断开状态，电流就向右进入电机的 A 端，此时与电机 C 端的相连的 Q3 和 Q6 都是断开状态，所以电流只能从电机 B 端流出，然后经过 Q5 从负极流出，这就是整个电流的路径，从 A 端进入，从 B 端流出，这就完成了无刷电机控制的第一个状态。

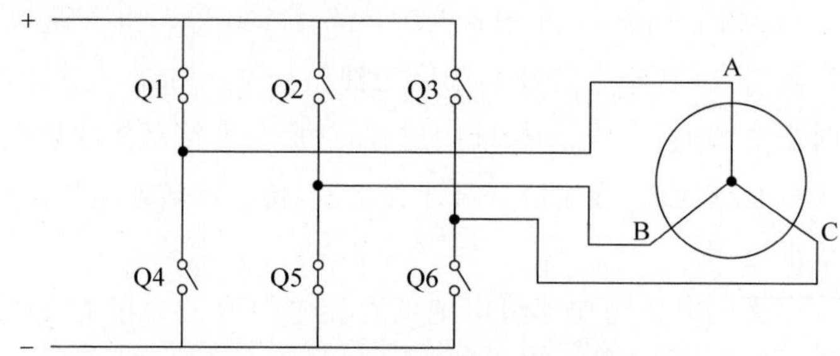

图 2.13　无刷电调控制电机的状态(一)

接下来将 Q2 和 Q6 接通，其他 MOS 管断开，如图 2.14 所示。电流从正极开始，由于 Q1 和 Q3 都是断开状态，于是就经过了 Q2，由于 Q5 是断开状态，电流就向右进入电机的 B 端，此时与电机 A 端相连的 Q1 和 Q4 都是断开状态，所以电流只能从电机 C 端流出，然后经过 Q6 从负极流出，这就是整个电流的路径，从 B 端进入，从 C 端流出，这就完成了无刷电机控制的第二个状态。

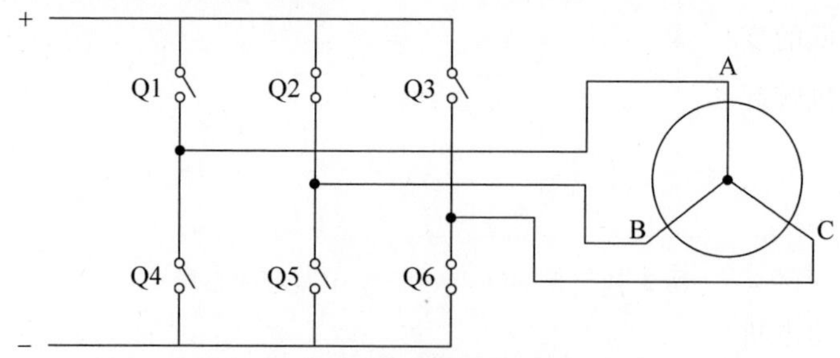

图 2.14　无刷电调控制电机的状态(二)

接下来将 Q3 和 Q4 接通，其他 MOS 管断开，如图 2.15 所示。电流从正极开始，由于 Q1 和 Q2 都是断开状态，于是就经过了 Q3，由于 Q6 是断开状态，电流就向右进入电机的 C 端，此时与电机 B 端相连的 Q2 和 Q5 都是断开状态，所以电流只能从电机 A 端流出，然后经过 Q4 从负极流出，这就是整个电流的路径，从 C 端进入，从 A 端流出，这就完成了无刷电机控制的第三个状态。

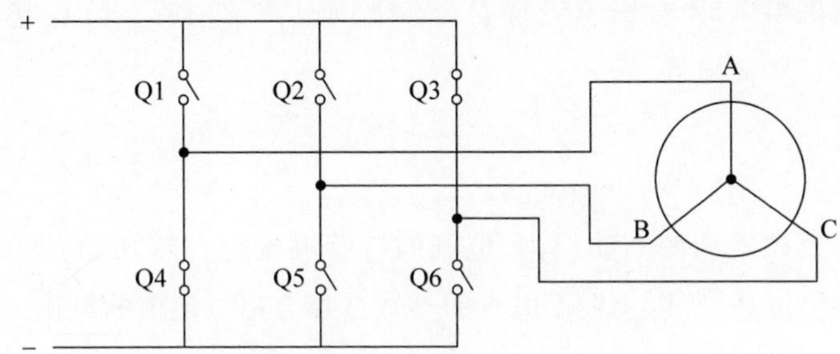

图 2.15　无刷电调控制电机的状态(三)

电调就是通过不断地控制 6 个 MOS 管通断驱动电机转动的，但是电调是怎么知道什么时候改变 3 根线的电流方向呢？一般情况下可以通过传感器获取电机转子的位置来控制换相，但是大家都知道无人机电机上并没有安装传感器，初中物理告诉我们在磁场中运动的导体切割磁感线会产生电动势，当给电机中两个线圈通电驱动电机转动时，第三个没有通电的线圈就会因为切割磁铁的磁感线产生一个反向的电动势。在磁铁转动期间，第三个线圈上的电压会有一个由高到低的变化，电调通过监测电压变化就知道电机位置了。

只有电机转起来之后才能检测到反电动势，静止时就无法检测电机位置了，这时候还需要一个专门的启动算法，启动原理也不复杂，启动时按一定的频率循环给三组线圈通电，由于电机启动是加速运动，所以要不断提高换相频率，等电机正常转动起来之后就可以通过监测反电动势控制换相了。

电调驱动电机转动时还有一个需要关注的问题就是电机的转动方向，四旋翼无人机对每个电机的转向有严格的要求。连接好电机之后，如果发现电机实际转向与预期相反，那么只需要将电调和电机连接的 3 根线中的任意两根调换位置就可以给电机反向了。

2.3.2 电调的参数

无刷电调也有许多参数需要关注，如果选择的电调参数不合适，很可能造成电调或电机损坏，还会影响飞行安全。无刷电调常用的参数有电流值、支持锂电池节数、5V输出等。

1. 电流值

电流值反映电调的驱动能力，电调的持续电流越大越好，但是电流值大的电调价格也会更高，所以应根据电机的参数选择合适电流值的电调。

2. 支持锂电池节数

和无刷电机一样，无刷电调也需要关注支持的锂电池节数，也就是供电电压，这个参数要由打算使用的电池和电机决定。

3. 5V输出

电调还有一个指标，即是否带5V输出功能，并且会标明这个5V输出支持的最大电流值。电调的5V输出可以给飞控、接收机或其他设备供电。

2.4 螺旋桨

螺旋桨最早是应用在水下的，用来给轮船和潜水艇提供动力，因为螺旋桨在水中旋转会给水一个向后的推力，轮船或潜水艇在反作用力下就向前运动了。后来人们意识到空气和水一样都是流体，让螺旋桨在空气中旋转也会产生推力，于是螺旋桨就开始应用于飞行器上了。螺旋桨是无人机动力系统中直接产生升力的部件，合适的螺旋桨可以最大限度地提高飞行效率，保证无人机更长的航时，同时还能降低飞行中的噪声。

2.4.1　螺旋桨的工作原理

螺旋桨是如何产生升力的呢？要想探究这个问题，需要回顾一下伯努利原理和牛顿第三定律。伯努利原理是流体力学中的一个基本原理，简单来说就是流体流过一个物体时，流速越大，压强就越小。我们平时乘坐的客机机翼上表面是弧形，下表面是平面，当空气流过上表面时行程更长，流速也就更快，因此上表面的压强小于下表面的压强，机翼就会产生向上的升力，螺旋桨也是同样的道理。切开螺旋桨的横截面会看到它和客机的机翼横截面类似，产生升力的一面弧度较大，当螺旋桨转动时，空气经过升力面的行程会更长，因此这个面的压强会小于另一个面，也就产生了推力。

螺旋桨产生推力的第二个原因是牛顿第三定律。在空调还没有普及的年代，夏天用于降温的家用电器就是电风扇，电风扇高速旋转可以向前吹风，螺旋桨也一样，旋转时会切割空气并将其向下推去，如图 2.16 所示，根据牛顿第三定律空气也会给螺旋桨一个向上的力。检查螺旋桨安装是否正确时，一个简单的做法就是看螺旋桨有没有向下吹风，不过这种检查要在保证安全的情况下进行。

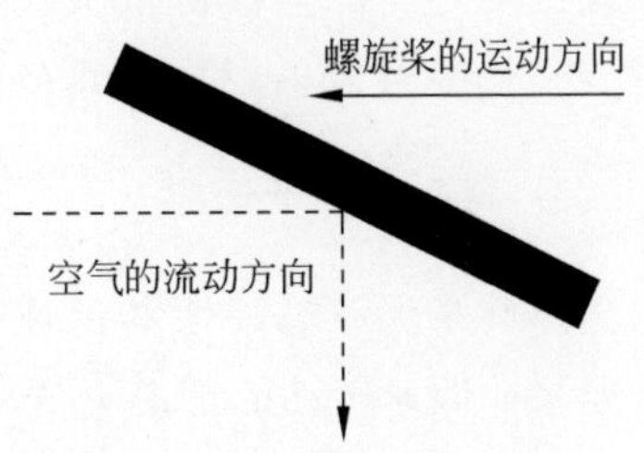

图 2.16　螺旋桨旋转产生升力

2.4.2　螺旋桨的参数

随着无人机行业的发展，螺旋桨也衍生出许多种类，因此在选择螺旋桨时需要重点关注几个参数，这些参数决定了无人机的飞行效率和飞行安全。螺旋桨可以分为木桨和碳桨，也可以分为两叶桨、三叶桨和折叠桨，需要根据实际应用场景来选择。

1. 旋转方向

学习了四旋翼无人机的飞行原理之后，我们知道螺旋桨的旋转方向是固定的，所以在对螺旋桨进行选型时首先要考虑螺旋桨的旋转方向。如果电机的旋转方向与螺旋桨标定的旋转方向相反，螺旋桨就会产生相反的推力，螺旋桨的转向用CW（clockwise，顺时针）和CCW（counterclockwise，逆时针）来表示，一般在螺旋桨的正面可以看到转向标志。

2. 螺旋桨的长度和螺距

衡量螺旋桨的两个重要指标是长度和螺距，长度好理解，什么是螺距呢？这里把螺旋桨想象成一个螺丝钉，螺旋桨的倾斜角度就是螺纹的角度，螺丝钉旋转一圈前进的距离就是螺距，螺旋桨也一样。假设螺旋桨在一种不能流动的介质中旋转一周，螺旋桨前进的距离就是螺距。长度和螺距的单位是英寸，选择螺旋桨时经常会看到8060桨、1045桨、1455桨等字样，1455桨的14指的是螺旋桨长度为14in[1]，55指的是螺旋桨的螺距是5.5in。

3. 高速桨和低速桨

螺旋桨还有高速桨和低速桨之分，高速桨在高速转动的情况下效率最高，低速桨在低速转动的情况下效率最高，选择高速桨还是低速桨要根据电机转速来决定。如果在高速电机上使用低速桨，可能会导致螺旋桨断裂；相反，如果在低速电机上使用高速桨，就没有办法产生足够的升力。

2.5 动力系统的选型和安装

动力系统的选型和安装也是无人机组装过程中非常重要的一部分，科学、合理地搭配动力系统可以极大地提高无人机的飞行效率，减小动力损耗，提高

---

[1] 1in=2.54cm

航时，也更有利于飞控参数的调整。电机和螺旋桨的安装对无人机的飞行也有很大的影响，电机安装位置有偏差或者螺旋桨有松动，都会成为飞行隐患。

2.5.1 动力系统的选型适配

为无人机搭配动力系统，首先要明确这架无人机的应用场景、使用要求和设计目标，同时要考虑重量、功率、效率、航时等一系列问题。选型时先从电机开始，首先要根据无人机的大小选择一个合适的尺寸范围，比如要装配一架F450无人机，就选择定子直径在20～30mm范围内的电机，然后确定准备使用的电池电压，这样能进一步缩小电机的选择范围，接下来就要看电机的详细参数了。每种型号的电机都会搭配一个参数表，标明电机的油门及对应的电压、电流、转速、扭矩、拉力、力效等参数，表2-1所示为一个KV值为1450的2308电机参数表。

表2.1 2308电机参数表

螺旋桨	油门	电压/V	电流/A	转速/ $r \cdot min^{-1}$	扭矩/ $N \cdot m$	拉力/g	力效 / $g \cdot W^{-1}$
8060桨	40%	11.32	4.21	5990	0.049	294	6.19
	45%	11.31	4.97	6347	0.055	333	5.93
	50%	11.29	5.78	6699	0.06	371	5.69
	55%	11.26	6.79	7108	0.068	419	5.48
	60%	11.24	7.95	7586	0.074	481	5.39
	65%	11.21	9.27	7978	0.083	554	5.34
	70%	11.18	10.57	8343	0.091	607	5.15
	75%	11.14	12.11	8709	0.1	666	4.94
	80%	11.09	13.98	9099	0.11	730	4.72
	90%	11	17.98	9737	0.128	843	4.27
	100%	10.97	19.07	9858	0.132	867	4.15

这个参数表展示了这款电机搭配8060桨的各项参数。选择电机时，要预估无人机的重量，如果一架无人机的预估重量是1500g，那么对于一架四旋翼无人机来说，分配到每个电机的拉力就是375g。查参数表，发现这款电机在50%油门时的拉力最接近375g，那么这个电机对这架无人机来说就比较理想了，因为无人机如果能够50%的油门在空中悬停，飞行稳定性是比较高的。还有一种说法，电机悬停时的拉力是电机最大拉力的2/5，这种情况最理想。其实由表2.1可以看出，50%油门时电机拉力几乎也是最大拉力的2/5。还需要关注一个参数叫力效，这个参数是拉力与功率的比值，力效越大说明飞行效率越高，无人机的航时也就越长。如果使用40%的油门甚至更小的油门力效会更大，那么为什么还要按50%的油门拉力选择电机呢？这是由飞控算法决定的，因为悬停时油门太低或太高都不利于稳定飞行。

选择电调时首先要注意的是电池电压，无人机电池的电压必须在电调的供电电压范围之内；其次要注意电调的电流必须能承受电机的峰值电流，通常情况下至少为电机最大工作电流的1.5倍，否则可能出现动力不足或损坏电调的情况；最后还需要考虑无人机是否需要电调提供5V供电。

螺旋桨选型时要考虑电机的尺寸和KV值，一般KV值小的电机可以使用尺寸较大的螺旋桨，KV值较大的电机需要选择尺寸较小的螺旋桨，许多电机厂商在提供电机参数表时会推荐相应的螺旋桨尺寸，也会提供螺旋桨安装到电机上的参数。选择螺旋桨时，除了两叶桨，还可以选择三叶桨，螺旋桨的桨叶越少，效率越高。三叶桨一般用在穿越机上面，可以瞬间提供更大的升力，代价就是航时比较短。

2.5.2 电机和螺旋桨的安装

本次组装的无人机选择的螺旋桨是自锁式螺旋桨，自锁式螺旋桨是指螺旋桨直接通过螺纹在电机轴上拧紧，螺旋桨的螺纹和电机轴的螺纹是对应的，比如同为顺时针旋转的电机和螺旋桨，当电机顺时针转动时，螺旋桨只会越转越紧。图 2.17 所示为自锁式螺旋桨和电机，即电机和螺旋桨的螺纹转向相同。如果反向控制电机转动，螺旋桨就会越转越松直到脱离。安装电机时就要确定每个电机的转向，本次组装的无人机左前和右后电机为顺时针旋转，右前和左后电机为逆时针旋转，每个电机通过 4 颗螺丝固定。

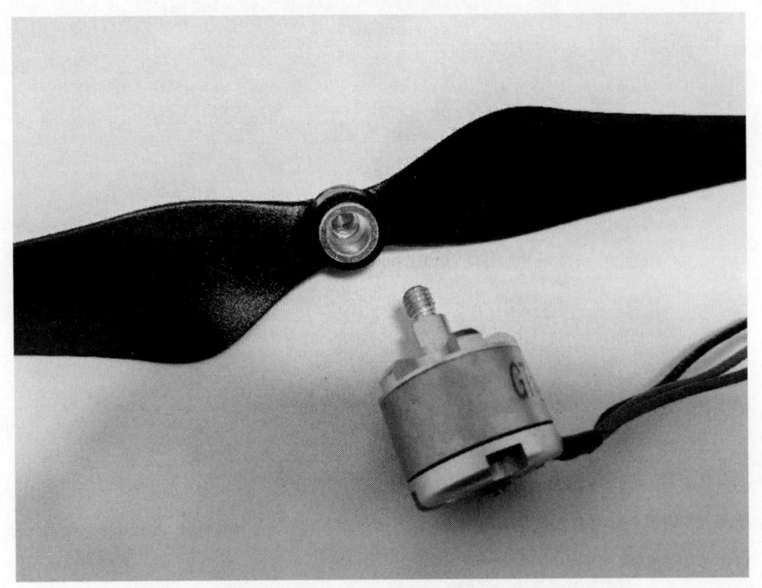

图 2.17　自锁式螺旋桨和电机

安装动力系统时先不安装螺旋桨，因为后面调试飞控时可能会出现电机失控突然启动的情况，安装螺旋桨后调试飞控是非常危险的操作。

电调分别安装在无人机的 4 个机臂下方，如图 2.18 所示，先通过双面胶将电调固定好，然后用扎带勒紧，防止飞行过程中松动、掉落，电机的 3 根线插在电调上，后续调试无人机时如果发现电机转向错误，还需要调换任意两根连线的位置。

每个电调的供电线要焊接在无人机下碳板上，焊接时要注意正负极不能接反，同时要保证焊点圆润，如图 2.19 所示，否则无法保证足够的过流能力。然后把电调的信号线预留出来，后面安装飞控时与飞控连接。

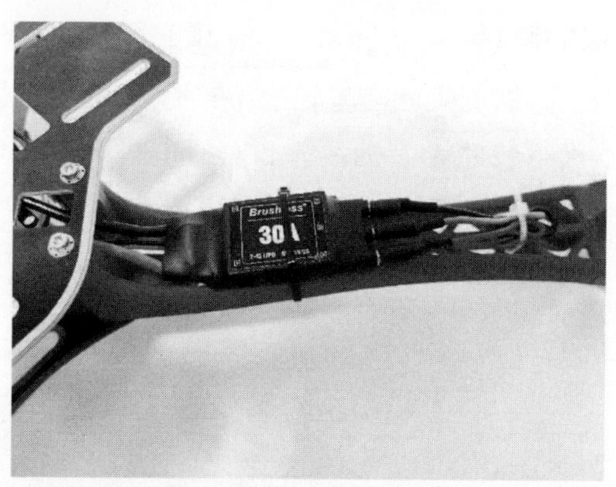

图 2.18　电调的安装

图 2.19　电调供电线的焊点

2.6　本章小结

本章主要介绍了四旋翼无人机的动力系统，包括电机、电调和螺旋桨，首先对电机、电调和螺旋桨的工作原理与参数进行了详细介绍，帮助读者更深入地了解无人机动力系统；然后介绍了如何选择合适的动力系统；最后讲解了如何正确地安装电机、电调和螺旋桨。

第3章

>>>>>>>>>>>>

遥控器和地面站

前面的章节介绍了四旋翼无人机的飞行原理和电机、电调、螺旋桨的相关内容，这些都是保证无人机稳定飞行必不可少的。实际的无人机系统中还有一个非常重要的部分，就是地面操作人员所使用的遥控器和地面站，这些设备把飞手的飞行计划传递给无人机，无人机再通过各个模块的紧密配合完成这些任务。本章的主要内容如下。

- 遥控器及接收机的相关知识。
- 数传与图传的工作原理。
- 地面站和地面站软件的介绍。
- 接收机和数传的安装。

3.1 遥控器简介

遥控器是无人机最常用的控制设备，它可以把飞手的飞行指令最直接地传递给无人机，是无人机系统中非常重要的部分。也有一些无人机不需要遥控器，可以直接通过地面站控制起飞、降落和执行航线，本章第 3 节将进行详细介绍。本节先带大家了解遥控器的相关知识。

3.1.1 遥控器

遥控器是操控无人机的核心设备，飞手通过摇杆和拨杆就可以控制无人机完成各种飞行任务。遥控器主要由摇杆、拨杆、显示屏、发射机、电池组成，外观如图 3.1 所示。考虑到不同飞手的操作习惯差异，不同厂家设计的遥控器尺寸、重量、握持方式、按键布局不尽相同，大家可以根据自己的操作习惯选择操控舒适度较好的遥控器。

图 3.1 无人机遥控器

虽然遥控器的设计各不相同，但是遥控器的摇杆控制是有统一标准的。无人机遥控器由两个摇杆组成，这两个摇杆控制无人机的上下运动、左右运动、前后运动和转向运动，那么每个摇杆具体控制什么动作呢？目前主流的摇杆配置有 3 种模式，分别是“中国手”“美国手”和“日本手”，如图 3.2 所示。目前使用最多的模式是“美国手”，如图 3.2(a)所示，左摇杆控制无人机的油门和转向运动，对于多旋翼无人机来说，油门就是上下运动，摇杆在中间时无人机保持高度悬停不动，摇杆向上则推动无人机升高，摇杆向下则无人机降低高低，打杆量越大，无人机上下运动的速度就越快。左摇杆的左右则控制无人机机头的转动，摇杆在中间时无人机机头方向不动，摇杆向左或向右则无人机机头向左摆动或向右摆动，打杆量越大，转向速度就越快。右摇杆控制无人机的前后运动和左右运动。第1章介绍了四旋翼无人机的飞行模式，拨动右摇杆时需要考虑无人机的飞行模式。当无人机处于定点模式时，右摇杆的打杆量代表无人机的速度，打杆量维持在一个定值时，无人机会以这个恒定的速度运动；当无人机处于定高模式时，右摇杆的打杆量代表无人机的俯仰角度和横滚角度，打杆量维持在一个定值时，无人机会维持这个角度飞行，但是运动速度会越来越快。

早期的航模玩家一般以“日本手”模式为主，如图3.2(b)所示。“日本手”模式的左摇杆控制无人机的前后运动和转向运动，右摇杆控制上下运动和左右运动，和“美国手”模式相比，“日本手”模式左右摇杆的上下推杆动作调换了位置。如果飞手习惯以俯视的状态控制无人机，那么“美国手”模式就更合适，因为俯视状态下右摇杆的前后左右和无人机实际运动方向是相对应的；如果飞手习惯从无人机后方以平视无人机的状态控制无人机，那么“日本手”模式更合适，因为平视状态下右摇杆的上下左右对应无人机的上下左右。

使用“中国手”模式操作无人机的飞手相对较少，“中国手”模式如图3.2(c)所示，也很好理解，只要把“美国手”模式的左右遥杆调换位置就可以了。

介绍接下来的内容之前，需要学习一个知识点——遥控器的通道。遥控器的通道数代表能单独控制的动作的数量，比如无人机的两个摇杆能控制无人机上下运动、前后运动、左右运动和转向运动4个动作，那么这两个摇杆就代表4个通道。以“美国手”模式为例，通道1为横滚，控制无人机的左右运动，对应右摇杆的左右摆动；通道2为俯仰，控制无人机的前后运动，对应右摇杆的上下摆动；通道3为油门，控制无人机的上下运动，对应左摇杆的上下摆动；通道4为方向，控制无人机的转向运动，对应左摇杆的左右摆动。一般情况下，一个遥控器不止有4个通道，每个拨杆或旋钮都会占用一个通道，比如一个8通道的遥控器，除了两个摇杆，可能还会配置4个拨杆。

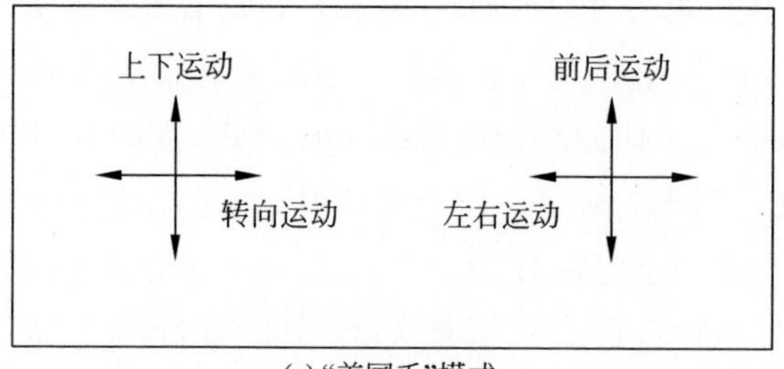

(a) “美国手”模式

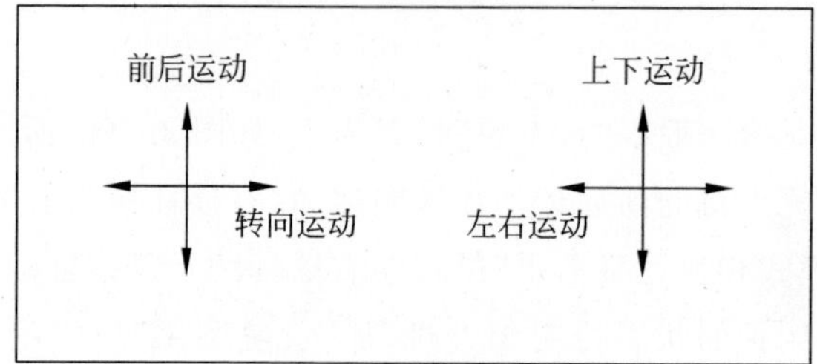

(b) “日本手”模式

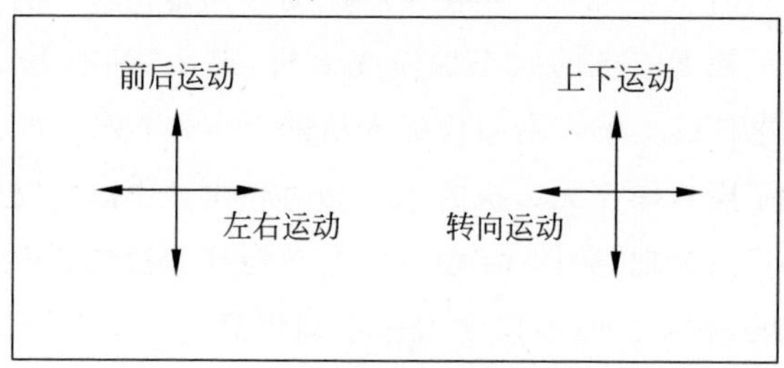

(c) “中国手”模式

图 3.2　无人机遥控器摇杆控制模式

遥控器的拨杆和旋钮也是非常重要的部分，图 3.3 所示为遥控器的拨杆和旋钮。拨杆和旋钮不能直接控制无人机的运动，主要用来完成一些功能操作，比如切换无人机的飞行模式，控制无人机返航、解锁、加锁、开降落伞、抛投、拍照，以及控制云台运动等。拨杆有两段式和三段式，两段式主要发送该通道的最高值和最低值，比如可以将解锁和加锁设置到此拨杆上；三段式可以发送该通道的最高值、最低值和中间值，如果无人机设置了 3 种飞行模式，就可以通过这个拨杆进行模式切换。与拨杆不同，旋钮可以停在任何位置，即可以输出这个通道值范围内的任何一个值，可以用来精确控制云台的角度。

图 3.3 遥控器的拨杆和旋钮

大多数遥控器上还会带一个屏幕，用来对遥控器进行设置，如图 3.4 所示为遥控器的设置界面。通过这个设置界面，飞手可以进行摇杆模式设置，也就是选择"美国手"模式、"日本手"模式或"中国手"模式，设置完摇杆模式就确定了通道 1 至通道 4 的对应摇杆，剩下的拨杆和旋钮可以配置其他通道。如果操作过程中飞手不习惯某个通道对应的动作，还可以对遥控器进行正反设置，比如飞手习惯通道 5 拨杆向上是解锁，向下是加锁，但是实际情况相反，那么就可以在遥控器中对通道 5 进行反向设置，摇杆对应的动作就反过来了。如果调试时发现油门摇杆向上是降低油门，向下是升高油门，这个操作和实际控制习惯相反，通过对油门通道进行反向设置，就可以改为向上则升高油门；向下则降低油门。如果两架无人机共用一个遥控器，但是这两架无人机的配置不相同，这种情况下有些遥控器还支持保存每架无人机的配置，则用遥控器操作对应的无人机时，只需要在设置界面选择对应机型的配置。

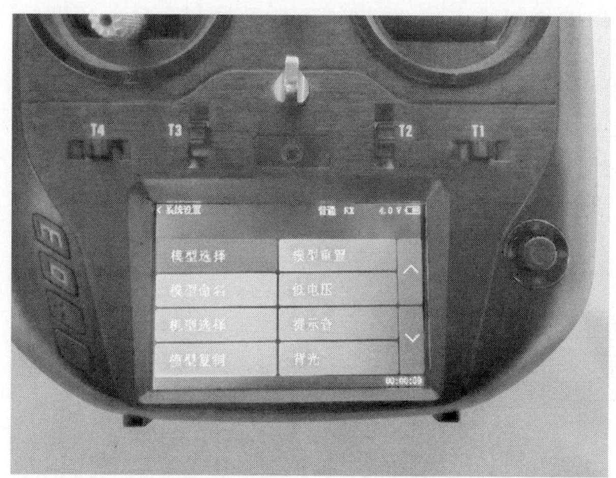

图 3.4 遥控器的设置界面

3.1.2 接收机

接收机安装在无人机上，与飞控进行连接，接收机接收遥控器的无线信号，解码之后通过信号线发送给飞控，飞控就可以获取遥控器的各个通道值了。由于需要安装在无人机上，所以接收机的重量和尺寸都非常小，接收机的供电电压一般是 5V，可以直接由飞控供电，也可以由电调供电，接线也很简便。

接收机与飞控通信一般有 PWM、PPM(pulse position modulation，脉冲位置调制)和 SBUS(serial bus，串行通信总线)3 种协议。飞控最早用的遥控器接口是 PWM 接口，只不过接电调是 PWM 输出接口，而接遥控器是 PWM 输入接口，关于 PWM 的详细内容已经在第 2 章介绍过了，需要注意的是遥控器天空端的每个通道都对应一个 PWM 接口，如果遥控器需要 8 个通道控制无人机，那么接收机和飞控之间就需要接 8 根 PWM 线。图 3.5 所示为接收机与飞控通过 PWM 信号线进行通信。

PWM 虽然简单、可靠，但是安装过程中每个通道都需要连接信号线，增加

图 3.5 接收机与飞控通过 PWM 信号线进行通信

了成本和复杂性，PPM 的出现则解决了这个问题。PPM 的频率一般是 50Hz，周期 20ms，PPM 的一个周期可以传输 10 个通道的通道值，每个通道占 2ms，如图 3.6 所示，通过解析每 2ms 内的高低电平就可以获取每个通道值。与 PWM 相比，PPM 只需要连接一根信号线，简化了硬件连接。

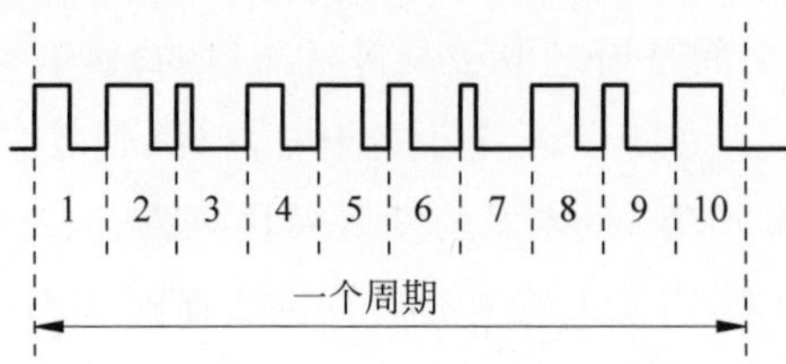

图 3.6 PPM 信号的一个周期

PWM 和 PPM 都属于模拟信号，容易受到干扰，遥控器通信的第三种协议 SBUS 则属于数字信号。SBUS 是由一家名叫 FUTABA 的公司提出的，它的通信波特率为 100kb/s，每条消息有 25 个字节，每 7ms 或 14ms 发送一次，每条协议包含 16 个通道的通道值和状态标志。

如果要对 SBUS 协议进行解析，需要用 100kb/s 的波特率去接收，每个字节由 1 个起始位、8 个数据位、1 个奇偶校验位和 2 个停止位组成；每条协议的

第 1 个字节为帧头，第 2 个字节至第 23 个字节代表 16 个通道的值，最后两个字节是标志字节和停止字节。这里可能有读者不明白为什么 16 个通道值要用 22 个字节表示，因为每个通道值需要用 11bit 来表示，16 个通道就要占 176bit，而每个字节有 8bit，22 个字节恰好也是 176bit。如果要解析 SBUS 协议，还需要注意的一点是 SBUS 在硬件上使用的是 TTL 的 3.3V 电平，但它是负逻辑，即"1"为低电平，"0"为高电平。

以上 3 种协议是无人机飞控和接收机之间最常用的协议，不过很少用于穿越机，穿越机飞控和接收机之间一般使用一种叫 CRSF(crossfire serial receiver protocol，Crossfire 串行接收器协议)的协议。与传统遥控系统使用的协议相比，CRSF 更适用于低延迟、高抗干扰性和远距离的遥控连接，而且 CRSF 支持双向传输，可以将飞控的坐标信息、姿态信息、电池电量等传输给遥控器，飞手通过遥控器上的显示器就可以查看无人机的一些简单状态信息。

3.1.3 遥控器和接收机的通信

遥控器和接收机之间是通过电磁波进行通信的，通信频率一般是 915MHz、1.4GHz、2.4GHz 或 5.8GHz。当飞手控制摇杆时，遥控器会将摇杆位置转换成数字信号，也就是通道值，遥控器的发射模块再将这些数字信号转换成特定频率的电磁波发射出去，当无人机上的接收机捕捉到这些电磁波之后会进行解码，再将解码之后的数字信号转换成 PWM、PPM 或 SBUS 协议的信号发送给飞控，这就是飞手通过遥控器控制无人机的整个流程。

大家可能会有一个疑惑，如果 3 个人同时拿着 3 个遥控器控制 3 架无人机，遥控器会不会给其他人的接收机发送数据，出现交错控制的情况？现在遥控器通信技术已经非常成熟，这个问题通过对频就可以解决。飞手拿到一个新的遥控器之后，要与对应的接收机进行对频，对频成功的遥控器和接收机之间才可以通信，没有经过对频的遥控器和接收机之间的协议是无法校验通过的。

遥控器控制有一个弊端就是可能会受到干扰，干扰设备向外发射 915MHz、

1.4GHz、2.4GHz 或 5.8GHz 频率的电磁波，就有可能导致遥控器与接收机之间通信中断。为了减少这种干扰，遥控器一般都具备跳频功能，基本原理就是遥控器和接收机同步地在一组预先设定好的频率上离散地跳变以达到扩展频谱的目的，这样可以有效地避免外界的干扰，不过这种操作的抗干扰能力是有限的，对于专业的无人机干扰器来说效果有限。

3.2　数传设备与图传设备

数传设备和图传设备用来远距离无线传输数据和图像，无人机在视距范围内简单飞行时，飞手只需要遥控器操作就可以完成，但是有些无人机需要在视距范围外执行复杂的飞行任务，此时只靠遥控器就无法满足要求了。无人机在远距离飞行时需要用数传实现飞控和地面站之间的通信，应保证地面站既可以实时获取无人机的姿态信息，也可以随时发送控制指令，如果无人机执行的是侦察任务，则还需要使用图传设备获取无人机的实时视频。本节将为大家详细介绍数传设备和图传设备的基本知识。

3.2.1　无线电通信

无线电通信是利用无线电波传输信息进行通信的，这种传输可以不受介质的影响，可以传播数据、声音、图像等信息，无人机的遥控器、数传设备、图传设备都属于无线电通信设备。

无线电通信的发展历史要从电磁波开始说起，1831 年英国科学家法拉第发现了电磁感应现象，1873 年英国物理学家麦克斯提出电磁波的相关理论，1887 年德国物理学家赫兹证实了电磁波的存在，1895 年俄国物理学家波波夫和意大利物理学家马可尼各自进行了无线电通信实验并取得了成功。20 世纪初，全球范围内大规模出现了电报和广播电台，无线电通信在这个时期获得了飞速的发展。当今社会已经进入了5G时代，各种物联网设备将无线电通信的价值发挥到了最大。

在传输过程中，无线传输设备首先将文字、声音、图像等信号转换成电信号，然后再通过调制技术将初始的电信号转换成高频电信号，传输设备上的天线就会将这些信号以电磁波的形式传输出去，这就是发射端的工作流程；接收端设备通过天线接收到这些电磁波信号之后，再通过解调技术将这些信号转换成原始的电信号，最后转为文字、声音、图像等原始形态，就完成了信息的传输。

3.2.2 数传设备

数传设备的全称是无线电高速数据传输设备，是通过无线电在无人机和地面站之间传输数据的设备。数传设备由天空端设备和地面端设备组成，天空端设备和地面端设备通过无线电通信，天空端设备通过串口和飞控进行通信，地面端设备通过串口和地面站进行通信。图3.7所示为整个数传链路的连接原理。

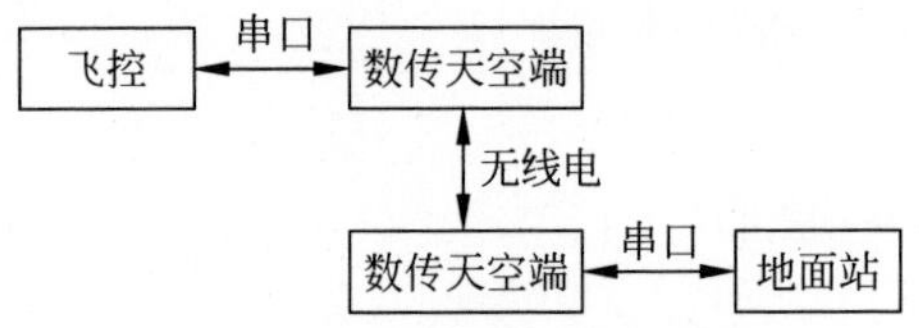

图3.7 数传链路的连接原理

现在市场上的无人机数传产品非常多，可以满足各种使用需求和应用场景，不过不同规格的产品价格差异也很大，选择数传产品时要根据自己的实际情况，而且要重点考虑几个重要参数。

1. 工作频率

工作频率是数传设备的一个重要指标，常规数传的频率有433MHz、750MHz、915MHz、2.4GHz等。选择数传设备时，首先要考虑现场的实际情况，有没有其他无线设备，其他设备的频率是多少，数传设备最好与其他设备的频率区分开，避免被干扰或干扰其他设备。另外，频率低的设备波长更长，衍射能力也就更强，可以更好地减小遮挡造成的影响；频率高的设备抗遮挡能力比较弱，但是频率高的设备同一时间能够传输更多的信息。

2. 发射功率

发射功率决定了数传设备的传输距离，一般发射功率越大，传输距离就越远。无人机数传发射功率的单位一般是 mW，也有厂家用 dBm 表示，这两种单位是有换算关系的，1mW 代表 0dBm，功率每翻一倍就会增加 3dBm。如果使用发射功率较大的数传，则要注意对其他设备的干扰，发射功率太大对人也有影响。

3. 通信距离

数传的通信距离除了与功率有关，还会受到通信协议、天线类型、传输算法等因素的影响，所以数传厂家一般会直接给出通信距离，通信距离越远，价格一般也会越贵，所以要根据实际使用情况来选择数传设备。

数传设备在工作时最容易受到两方面的影响，一方面是其他无线设备的干扰，遇到这种情况，只能选择与其他设备错时使用或者选择其他频率的设备；另一方面是遮挡对传输的影响，周围有房屋、山体之类的遮挡时，数传的通信效果会受到很大的影响，所以无人机飞行时一定要选择在开阔的场地架设地面站设备。但是当传输距离非常远时，如果无人机飞行高度没有足够高，传输也会受地球曲率的影响，为了解决这个问题，图传厂家增加了中继的方案，将中继设备放在另一架无人机上，如图 3.8 所示，这样不仅可以增加传输距离，还能更好地避免遮挡。

无人机进行无线数传通信时，除了一对一通信，还有一种通信方式，就是无人机自组网。自组网一般用在无人机蜂群上，每架无人机都是一个网络节点，每个节点都与其他节点进行通信，各节点之间互相传输控制指令，交换感知态势。无人机自组网的通信逻辑如图 3.9 所示。

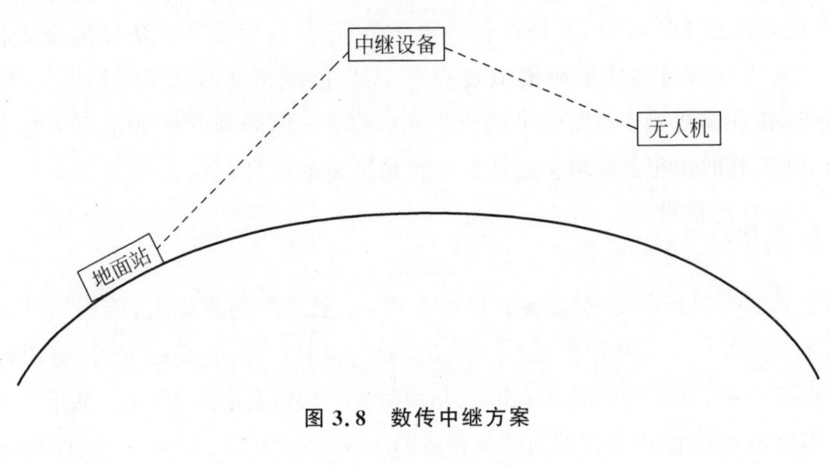

图 3.8 数传中继方案

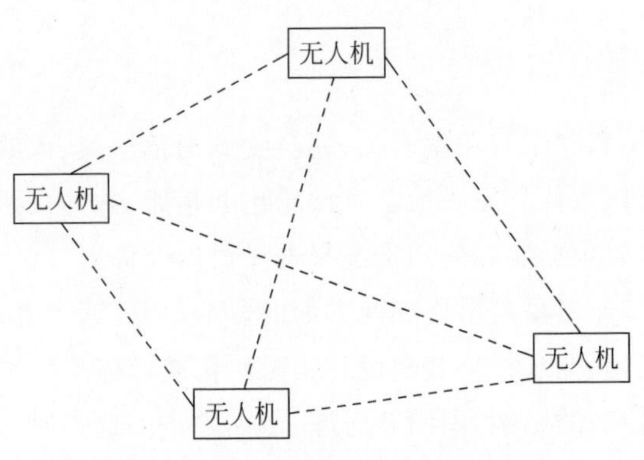

图 3.9 无人机自组网的通信逻辑

3.2.3 图传设备

无人机图传设备是用来传输实时图像的,它和数传设备有许多相似之处,比如都采用无线电通信,都有天空端设备和地面端设备,都要考虑频率、功率和传输距离,都会受到遮挡或干扰。图传设备也有一些特性和数传设备不一样,数传设备一般是双向传输,图传设备是单向传输,由于要传输图像信号,图传设备的频率也都比较高。

无人机图传设备主要分为模拟图传设备、HDMI 图传设备和网络图传设备。模拟图传设备主要传输模拟视频，传输图像的质量相对较差，图像分辨率比较低，也容易受到干扰出现“雪花屏”的现象，不过模拟图传设备的价格比较便宜，图像延时也很低，穿越机或固定翼第一视角飞行时一般使用这种图传设备。HDMI 图传设备用来传输 HDMI 图像，HDMI 图像的清晰度更高，对于挂载光电吊舱的无人机来说是比较合适的选择。网络图传设备传输的也是高清图像，图像首先在无人机端进行编码，经过网络图传设备传输到地面站之后再解码播放，由于编码和解码比较浪费时间，所以网络图传设备的延时比较大。网络图传设备除了传输图像，还可以传输网络数据，地面站和飞控之间的控制指令和飞行数据可以通过 TCP 或 UDP 协议传输。图 3.10 所示是一款网络图传设备。

图 3.10　网络图传设备

3.3　地面站

我们平时接触的无人机大多是消费级无人机，通过遥控器连接一部智能手机就可以控制无人机飞行，通过手机软件可以控制无人机起飞、降落、返航，也可以控制云台转动，手机软件上还可以显示无人机的实时画面，手机就是一个简单的手持地面站。无人机地面站是指可以对无人机和任务载荷进行控制的一套设备，具备任务规划、地图导航、实时画面显示、飞行数据显示等功能，一些稍大型的无人机会用笔记本电脑做地面站。接下来详细介绍无人机地面站的相关内容。

3.3.1 地面站硬件设备

无人机地面站设备一般由笔记本电脑、通信链路地面端、电源和遥控器组成，笔记本电脑内安装地面站软件。笔记本电脑有丰富的物理接口，由于有些行业的无人机飞行环境比较恶劣，所以在一些应用场景中对笔记本电脑还有三防要求，屏幕一般使用高亮屏。数据链路地面端用来和无人机通信，并将数据通过网口和串口传输给笔记本电脑，电源主要用来为笔记本电脑和数据链路供电，保证长时间工作。

刚才介绍的是一套标准的无人机地面站配置，对于一些飞行任务不太复杂的无人机来说，如果也安装数传天空端模块、图传天空端模块和接收机模块，不仅接线复杂，而且还要避免 3 种设备频率的互相干扰，地面站部分也需要架设这些设备，操作起来会很复杂。为了解决这种困扰，工程师们开发了手持地面站，也叫图数传一体遥控器，如图 3.11 所示。图数传一体遥控器的天空端集成了 SBUS 接口、串口、网口，可以接收无人机的图像、数据，并给无人机发送控制信号；地面端是一个带操作系统平板的遥控器，既能通过摇杆控制无人机，也可以通过平板上的地面站软件显示飞行数据和图像，并且还能给无人机上传任务航线。手持地面站大多使用 Android 操作系统。

3.3.2 地面站软件

地面站软件安装在地面站上面，操作人员可以通过地面站软件读取无人机的各种姿态信息，给无人机发送起飞、返航、降落和执行航线等任务。地面站软

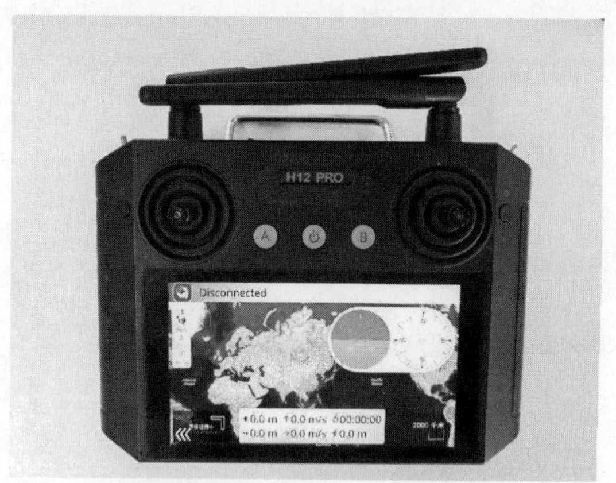

图 3.11 图数传一体遥控器

件有 Windows 系统下的软件和 Android 系统下的软件，Windows 系统的地面站软件主要安装在笔记本电脑上，电脑连接通信链路；Android 系统的地面站软件通常安装在手机或平板电脑上，或者直接安装在手持地面站上使用。

地面站软件对操控无人机和设置飞控参数非常重要，基本上每个无人机厂家或飞控厂家都有自己的地面站软件，开源飞控也有开源地面站软件。虽然这些软件属于不同的厂家，但是为了方便各位用户快速上手，这些软件的界面布局和操作流程大同小异。地面站软件主要由数据显示、任务规划和参数设置3 个主要部分组成，数据显示界面会显示各种无人机数据，比如无人机的飞行高度、飞行速度、经纬度、电池电量、飞行模式、卫星数、定位精度等。这些数据详细地展示了无人机最真实的飞行状态，但即使是熟练的飞手，面对这么多数据也会眼花缭乱，于是数据显示界面都会有一个飞行仪表盘和一个地图。飞行仪表盘可以直观地显示飞行姿态，地图可以显示无人机的实时位置，这样可以帮助操作人员更直观地了解无人机的飞行状态。任务规划界面也包含一个电子地图，用户可以在地图上直接绘制航线，并且详细设置每个航点的经纬度和高度数据。参数设置界面可以显示无人机的上百个参数，保证飞手可以实时修改无人机的各项设置。

目前使用最广泛的地面站软件是 MissionPlanner 和 QGroundControl，这两个软件都使用 MavLink 协议通信，可以连接开源飞控。本书要组装的无人机选用的是 APM 开源飞控，使用的也是这两款地面站软件，本小节将深入介绍这两款软件。

1. MissionPlanner

MissionPlanner 是一款免费、开源的地面站软件，它是基于 C# 语言编写的，是由迈克尔·奥本开发完成的。MissionPlanner 支持多旋翼无人机、固定翼无人机、无人直升机、无人车、无人船等设备的操控和设置，应用非常广泛，不过这款软件只能在 Windows 系统下运行使用。

进入 MissionPlanner 的官网就可以下载软件了，可以在下载列表中选择不同的软件版本和安装形式，下载文件的格式分为 msi 格式和 zip 格式，msi 格式的文件需要进行安装，zip 格式的文件下载完成后直接解压使用就可以。如果是第一次使用这个软件，用 zip 格式的文件可能会出现缺少驱动的问题，建议大家用 msi 格式的文件安装一遍，后续更新软件版本就可以直接下载 zip 格式解压使用了。

打开 MissionPlanner 软件，首先会看到主界面，如图 3.12 所示。主界面由顶栏、飞行仪表盘、飞行状态界面和地图组成。顶栏有 5 个界面选项，分别是飞行数据、飞行计划、初始设置、配置调试模拟和帮助，我们主要会用到前 4 个选项。顶栏右侧是数据连接部分，这里可以选择串口连接、TCP(transmission control protocol，传输控制协议)连接、UDP(user datagram protocol，用户数据报协议)连接等连接方式，每种连接方式还可以配置波特率、IP 地址、端口等参数，接下来用数据线连接飞控，然后在连接部分选择相应的端口和波特率，单击“连接”按钮就可以和飞控通信了。

飞行仪表盘可以通过图像直观地显示无人机的飞行状态，图 3.13 所示为 MissionPlanner 飞行仪表盘界面。仪表盘界面中能显示无人机的飞行姿态，俯仰角度、横滚角度和航向角度可以通过仪表盘背景图像和刻度来展示，左右两

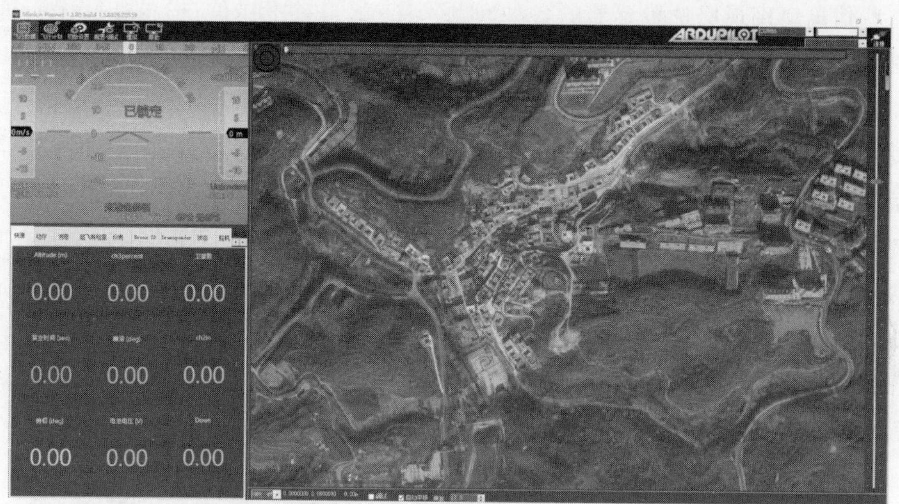

图 3.12 MissionPlanner 主界面

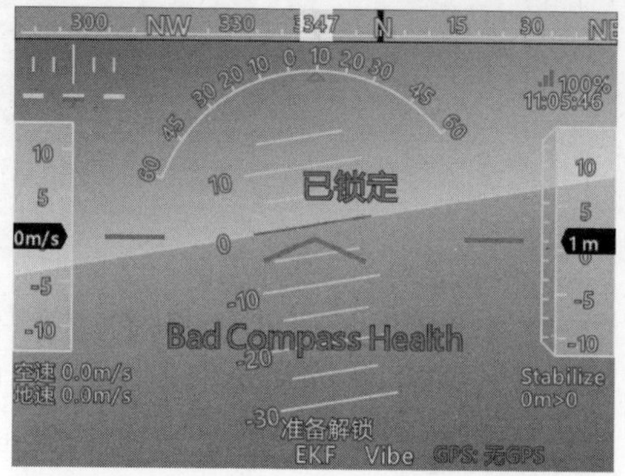

图 3.13 MissionPlanner 飞行仪表盘界面

侧分别显示了无人机的飞行速度和高度，仪表盘底部可以显示电池电压和电流，仪表盘中间的文字显示当前处于解锁状态还是加锁状态。仪表盘还会显示飞控的报错信息，比如图中的 Bad Commpass Health 表示磁罗盘数据受到了干扰，类似的报错信息还有 RC not calibrated、Bad AHRS、High GPS HDOP 等，这些信息会直观反映传感器的各种问题。注意，当有报错信息存在时，无人机是无法解锁起飞的。

飞行状态在主界面的左下方显示，可以通过选项卡的形式选择显示数据、动作、消息、起飞检查、仪表、状态、舵机等信息，最常用的是数据、动作和消息等信息，如图 3.14 所示。数据界面可以直接显示每个参数的具体值，可以通过设置来决定这个界面显示几个数据，以及显示什么数据；动作界面可以对无人机进行一些简单的控制，比如加锁、解锁、起飞、返航、降落、飞行模式切换、执行航线、修改飞行速度和飞行高度等；消息界面会显示飞控反馈的版本号、执行动作、报错等信息，如果没有看清楚仪表盘界面闪过的信息，还可以切换到消息界面查看记录。

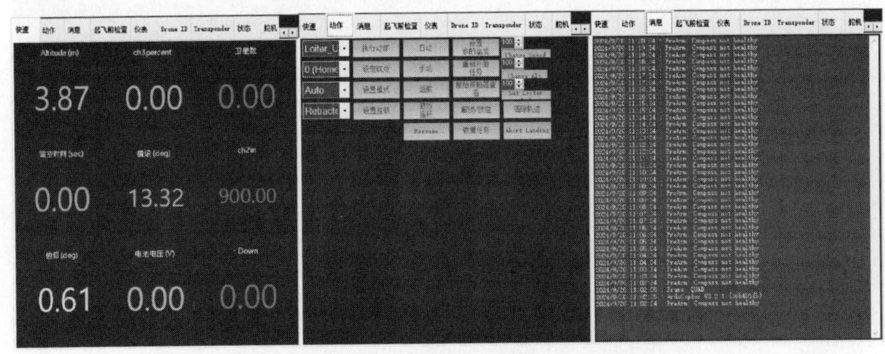

图 3.14 MissionPlanner 飞行状态的数据、动作和消息界面

主界面的地图区域用来显示无人机的位置、机头指向、返航距离等标志，帮助飞手更直观地了解无人机状态。

刚才介绍了主界面的内容，接下来通过顶栏切换到飞行计划界面，如图 3.15 所示。飞行计划界面主要用来设置无人机的飞行航线，飞手可以直接通过在地图界面点击鼠标来绘制无人机航线，绘制完航线后，航点列表就会显示在下方，列表中会显示每个航点的具体经纬度、高度等信息，用户也可以编辑、修改这几个参数，地图上的航点图标会自动更新。同时，地面站软件会根据前后航点自动计算出当前航点的坡度、角度、距离、方位角等信息。可以在飞行计划界面右侧选择地图图层，如果设计好一条航线还想后续使用，也可以将航点文件保存起来，下次飞行前直接加载航点文件。

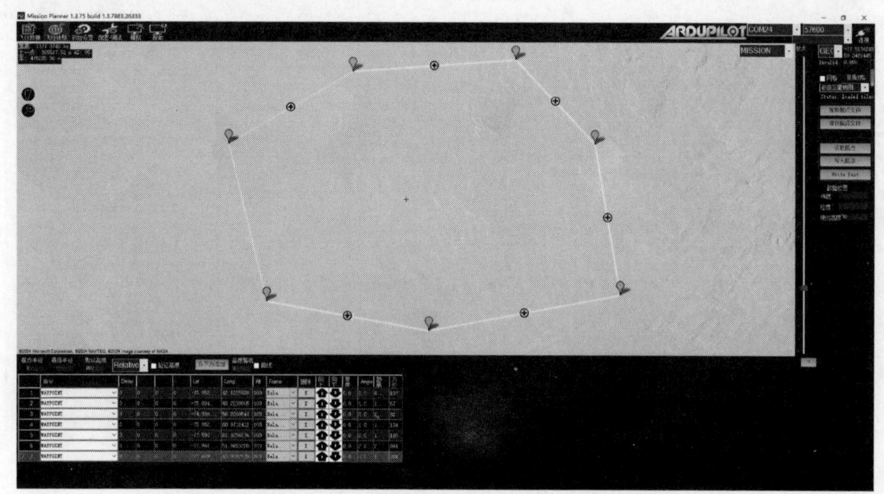

图 3.15　MissionPlanner 飞行计划界面

初始设置界面主要进行飞控的基础参数设置，MissionPlanner 的初始设置界面如图 3.16 所示，这个界面左侧就是要进行的每项设置，单击某个设置后，右侧会显示具体的操作界面。初始设置包括飞控固件升级、机架选型、加速度计校准、指南针、遥控器校准、飞行模式、故障保护、电池监测器、指南针/电机校准、声呐、空速、相机云台、电机测试、蓝牙设置、降落伞等功能，初次安装好飞控之后，需要进行这些设置或校准操作，否则地面站软件会收到相应的报错信息。无人机初始设置的具体操作将在第 6 章进行详细介绍。配置调试界面如图 3.17 所示。

如果初始设置界面解决的是无人机能否起飞的问题，那么配置调试界面解决的就是如何让无人机飞得更稳的问题。在配置调试界面，可以设置更详细的飞控参数，可以调试开源飞控的几百个参数，包括影响无人机飞行稳定性的参数、遥控器每个通道功能的参数、无人机飞行速度和高度的参数、飞控每个串口的配置参数等。在调试过程中，通过设置合适的参数保证无人机更加稳定地飞行，具体的参数设置也将在第 6 章进行详细介绍。

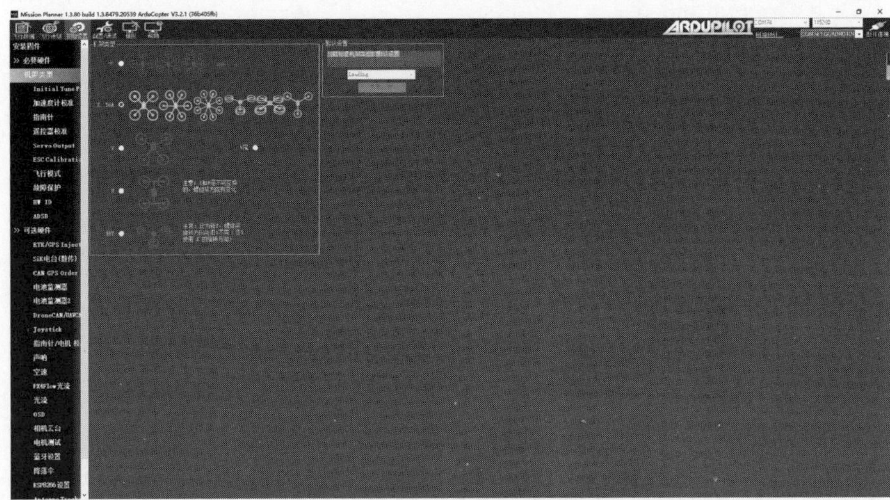

图 3.16 MissionPlanner 初始设置界面

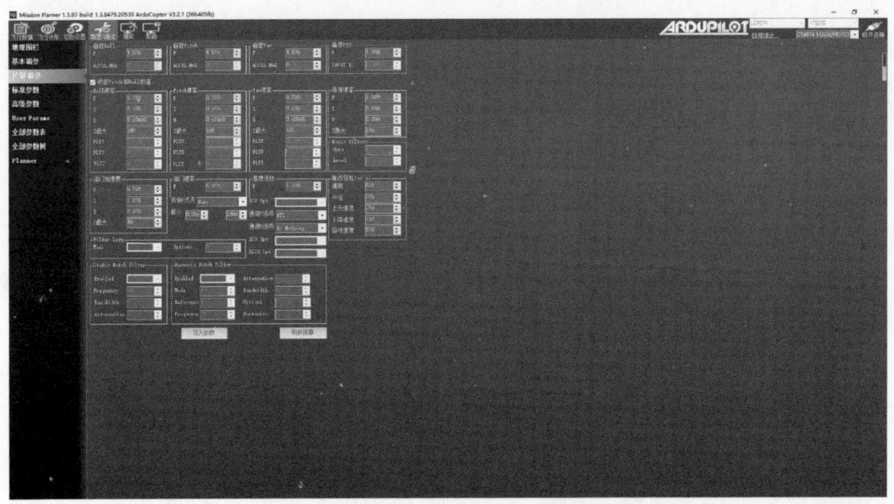

图 3.17 MissionPlanner 配置调试界面

2. QGroundControl

与 MissionPlanner 相比，QGroundControl 不仅支持 Windows 系统，还支持 Mac 系统、Linux 系统、Android 系统和 iOS 系统。进入 QGroundControl 的官方网站，可以下载软件，下载时可以选择适配的操作系统，由于 QGroundControl 几乎适配所有操作系统的地面站设备，包括 Android 系统设备，使得 QGroundControl 成为手持地面站设备的首选。

仍然以 Windows 系统为例介绍，首先在官方网站下载安装包，如果计算机缺少驱动，软件安装过程中首先会自动安装对应的驱动程序，安装完成后打开软件就看到了软件的主界面，如图 3.18 所示。相较于 MissionPlanner 的主界面，QGroundControl 的主界面要简洁很多，以地图为背景，顶栏显示连接状态、飞行模式、飞控信息、定位状态、电池电量等信息，左侧可以进行航线规划、起飞、返航等操作，右侧是飞行仪表盘，显示无人机的姿态信息，底部会显示无人机速度、高度、离家距离等具体信息。

图 3.18　QGroundControl 主界面

QGroundControl 软件是自动连接的，通过数据线连接飞控之后，软件就会自动和飞控建立连接并获取飞控的飞行数据，如果通过 TCP 等其他方式进行连接，可以进入通用设置界面，如图 3.19 所示。在通用设置界面，用户可以设置 TCP 连接的 IP 地址和端口等信息，也可以对软件的单位、语言、地图、主题等进行设置。

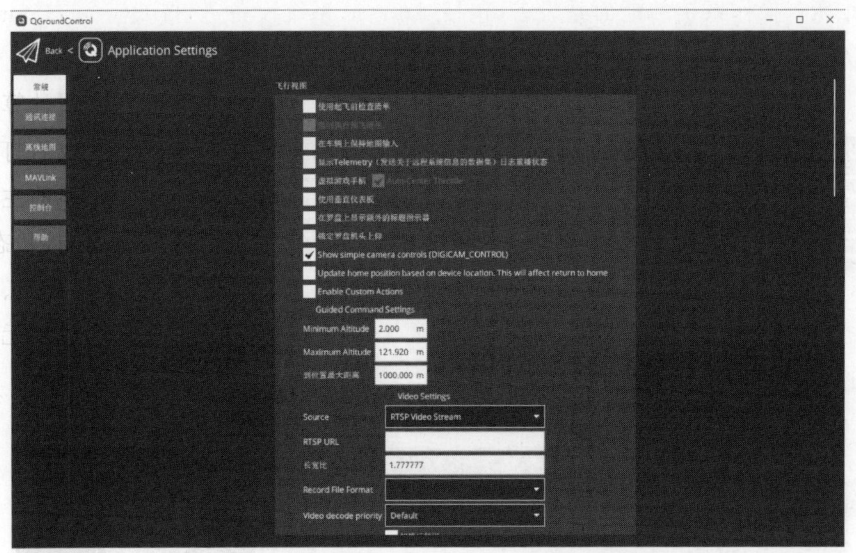

图 3.19　QGroundControl 通用设置界面

QGroundControl 软件还有一个飞控设置界面，如图 3.20 所示。飞控设置界面与 MissionPlanner 的初始设置界面类似，在飞控设置界面，可以进行飞控固件升级、选择机架类型、遥控器校准、设置飞行模式、传感器校准、电机设置等，还提供了 MissionPlanner 配置调试界面的参数设置功能，用户可以在同一个界面对飞控的所有参数进行设置。

通过分析这两款开源地面站软件可知，虽然这些地面站软件的界面、布局和风格各不相同，但是使用逻辑大同小异，其他飞控厂家的地面站软件也与这两款开源软件类似，因此只要对一款地面站软件有深入了解，就可以快速掌握其他飞控厂家的控制软件。

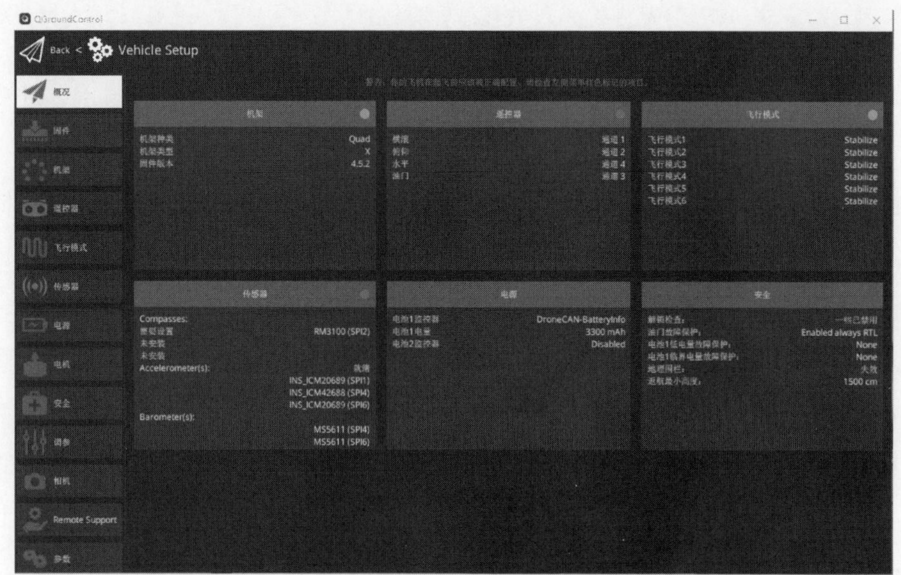

图 3.20 QGroundControl 飞控设置界面

3.4 接收机与数传设备的安装

本书涉及的无人机装配没有使用图传设备和数传设备，不需要动手安装，不过此处还是要简单介绍一下，要特别注意天线的安装。一般家庭需要安装路由器，路由器天线应该怎么摆放才能使信号最强呢？很多人有一个误区，认为棒状天线指向的地方信号最强，其实这是错误的，信号的扩散方向如图 3.21 所示，垂直于棒状天线的方向信号才是最强的。另外，有一些无人机机身是碳纤维材料，天线也不要离机身太近，不然信号会被屏蔽。

接收机的安装也是同样的道理，要保证接收机天线不被遮挡，接收机的 PWM 接口与飞控的 PWM 输入接口距离不要太远，安装牢固即可，具体安装操作将在第 5 章安装飞控时同步进行。

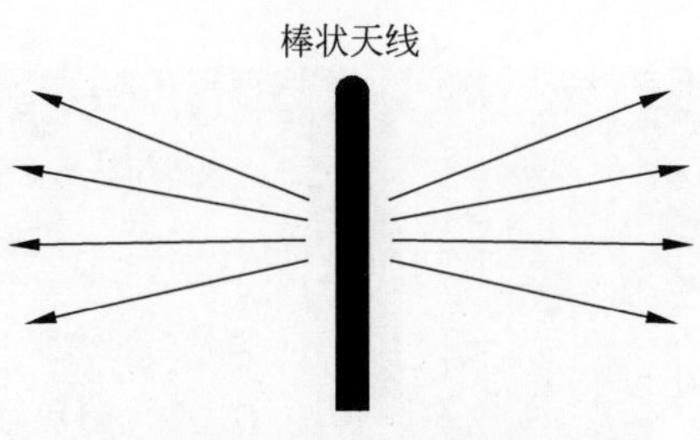

图 3.21 棒状天线信号扩散方向

3.5 本章小结

本章主要介绍了无人机地面端相关设备的基本情况，首先讲解了遥控器和接收机的基本概念，以及遥控器的通道、接收机协议等内容，然后又介绍了数传设备和图传设备的种类、参数和原理，最后详细介绍了开源飞控常用的两款地面站软件。

第4章

>>>>>>>>>>>>

电池

电池是无人机的动力来源，为无人机的电调、电机、飞控、导航系统、通信链路等设备提供能量，一架无人机能否顺利完成飞行任务，电池的容量和放电能力是非常关键的。与飞控、电机、电调相比，电池的安装在无人机各个模块里算最简单的，它不需要进行各种设置，也没有复杂的接线，所以很多人在学习无人机知识时非常容易忽略这一部分。其实电池对无人机的飞行性能和航时影响非常大，电池充电和使用不当甚至会造成起火或爆炸，所以本书用一个章节来介绍无人机电池。本章的主要内容如下。

- 电池的基本介绍和分类。
- 无人机电池的介绍。
- 无人机电池的安全使用和充电。
- 无人机电池的选型。

4.1 电池简介

电对大家来说并不陌生，我们身边的计算机、电灯、电视、电冰箱全部靠电来驱动，发电厂把其他能量转化为电能，然后通过输电线源源不断地输送到住所，住所的家用电器就可以正常工作了。如果没有对电的控制能力，我们的生活远没有现在方便，不过这些家用电器使用的电都来自发电站，都需要通过电源线连接220V电源工作，没办法摆脱电线的限制，手机、手电筒、剃须刀这类小型电器不可能一直连接电源工作，为了摆脱这种困扰，电池就出现了。

4.1.1 电池的基本介绍

电池是将化学能转化为电能的装置，电池内有电解质溶液和电极，电池有正极和负极，可以单独向外释放电能。我们生活中最常用的是5号电池和7号电池，这些电池一般使用在遥控器或玩具上，更小的纽扣电池一般用于手表或车钥匙，手机、平板或笔记本电脑使用可充电的锂电池，再大一些的电池则应用在电动自行车或电动汽车上，不同型号、不同类型的电池在现代社会的各个角落发挥着巨大的作用。

人类使用电池的两百多年时间里，制造出各种类型的电池，按电解质分类，电池可以分为碱性电池、酸性电池和中性电池；按储电方式分类，电池可以分为充电电池和一次性电池；按形态分类，电池可以分为软包电池、圆柱电池。目前使用最多的分类方式是按正负极材料来分类，电池可以分为锌锰电池、镍镉电池、镍氢电池、铅酸电池和锂电池，接下来介绍这几种电池类型。

1. 锌锰电池

锌锰电池也叫干电池，是由锌、二氧化锰、氯化铵等材料组成的，这种电池在生活中很常见，电视遥控器和空调遥控器使用的5号电池或7号电池就是锌锰电池。不过锌锰电池不能充电，只能一次性使用。

2. 镍镉电池

镍镉电池解决了锌锰电池只能一次性使用的问题，它可以反复充电、使用，早期的手机就使用镍镉电池来供电。但是镍镉电池有非常严重的记忆效应，在电量没有放完的情况下充电会降低电池的容量，这也是早期给手机充电前都要把电量用完的原因。镍镉电池还有一个非常严重的缺点就是内部含有毒性较强的镉，对生态环境危害很大。

3. 镍氢电池

后来，镍氢电池逐渐替代了镍镉电池。镍氢电池可以做到体积小、容量大，更适合移动设备使用，而且不再使用严重污染环境的镉。镍氢电池也有记忆效应，充放电不充分也会影响电池容量。

4. 铅酸电池

铅酸电池主要应用于早期的电动自行车和汽车上，它为电动自行车提供动力，为汽车提供12V电源，保证车灯、雨刷器等设备的正常工作。铅酸电池体积大、容量低，没办法用在小型设备上。

5. 锂电池

锂电池是一种以锂金属或锂合金为正负极材料的电池，近年来，凭借更高的能量密度和更长的循环寿命，锂电池在各种电子设备、电动汽车等领域得到了广泛的应用。锂电池受到撞击后容易起火，安全性是锂电池使用过程中需要非常注意的一个问题。

4.1.2　锂电池的基本介绍

锂电池是通过锂离子在正负极材料之间嵌入和脱嵌实现充放电的。锂电池放电时，锂离子会从负极脱嵌，经过电解质移动到正极嵌入；锂电池充电时，锂离子会从正极脱嵌，经过电解质移动到负极嵌入。锂电池能量密度高，循环次数多，没有记忆效应，非常适合电子设备、无人机、电动汽车使用。

锂电池也可以细分成多种类型，根据电解质的不同，锂电池可以分为锂离子电池和锂聚合物电池，锂离子电池使用液态电解质，锂聚合物电池使用固态电解质；根据正负极材料的不同，锂电池可以分为钴酸锂电池、锰酸锂电池、磷酸铁锂电池、三元锂电池等，接下来将简单介绍这些锂电池。

1. 钴酸锂电池

钴酸锂电池的正极材料为钴酸锂，负极材料一般为石墨。这种电池能量密度比较高，在使用过程中不容易起火爆炸，而且对环境的污染性比较小。钴是一种稀有金属，所以钴酸锂电池的价格比较高，而且充电时间比较长，放电速率也比较慢，一般在消费类电子产品中使用比较多。

2. 锰酸锂电池

锰酸锂电池的正极材料为锰酸锂，负极材料通常也是石墨。锰酸锂电池的材料成本比较低，工艺也比较成熟，所以价格比较低，不过锰酸锂电池在高温环境下安全性比较低，而且随着充放电次数增加，电池容量衰减会较快。

3. 磷酸铁锂电池

磷酸铁锂电池的正极材料是磷酸铁锂，负极材料为碳。磷酸铁锂电池的能量密度更高，使用寿命也比较长，没有记忆效应。得益于其优越性能，磷酸铁锂电池广泛应用在新能源汽车领域。

4. 三元锂电池

三元锂电池也叫镍钴锰酸锂电池或镍钴铝酸锂电池，因其正极材料是镍、钴、锰或镍、钴、铝三种元素而得名。三元锂电池集成了钴酸锂电池、锰酸锂电池和镍酸锂电池的优点，能量密度更高，低温性能更好，不过由于含有钴元素，三元锂电池的成本比较高。

4.1.3 无人机电池的基本介绍

介绍无人机电池之前，请大家思考一个问题，我们日常使用的充电宝容量大、价格便宜，能不能安装在无人机上使用呢？为了搞清楚这个问题，首先要了解什么是无人机电池。无人机电池是锂聚合物电池，也叫高分子锂电池，与锂离子电池不同的是，锂聚合物电池使用固体电解质，这就意味着电池可以被制造成各种形状和尺寸，非常适合应用在不同尺寸的无人机上，图 4.1 所示为一款无人机电池。这种电池能量密度更大，相同容量下体积更小，重量更轻，而且放电电流非常大，无人机高速机动时也能提供足够的电量，对于无人机来说是非常合适的选择。

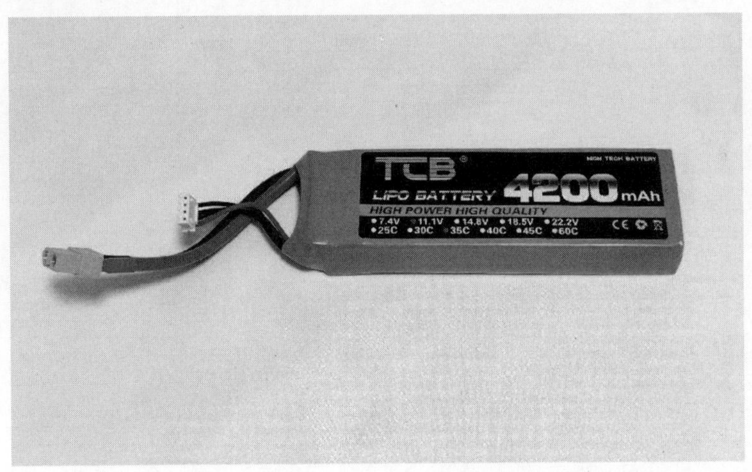

图 4.1 一款无人机电池

锂聚合物电池的电压一般在 3.7V 左右，大多数无人机都需要 12V、24V 甚至更高的电压供电，所以无人机电池一般都是串联使用的，串联的电池芯数用 S 表示。如图 4.2 所示，这是一个由 3 个电芯串联起来的无人机电池，我们称它为 3S 电池，电池的每个电芯额定电压是 3.7V，那么 3S 电池的额定电压就是

11.1V。仔细观察无人机电池会发现，一个电池一般会从内部接出来两根线，一根是电池对外供电的主电源线，还有一根是平衡充电线，这两根线在内部是怎么连接的？分别有什么作用？我们再来看一下图4.2，其中A、B、C、D为平衡充电线，3S电池的平衡充电线是4P的，E、F为主电源线，主电源线只有正负两极，如果需要知道这个电池的总电压，可以直接测量E、F；如果想知道电池每个电芯的电压，通过测量A、B端的电压就知道了最左边电芯的电量；同理，测量B、C端和C、D端的电压就知道了另外两个电芯的电压，无人机使用过程中也是用E、F主电源线为飞机供电。大家可能不太能理解的是，直接使用E、F不就可以了吗，为什么还要多出来一根平衡充电线呢？对于这个问题，介绍完电池的充电和保养之后大家就明白了。

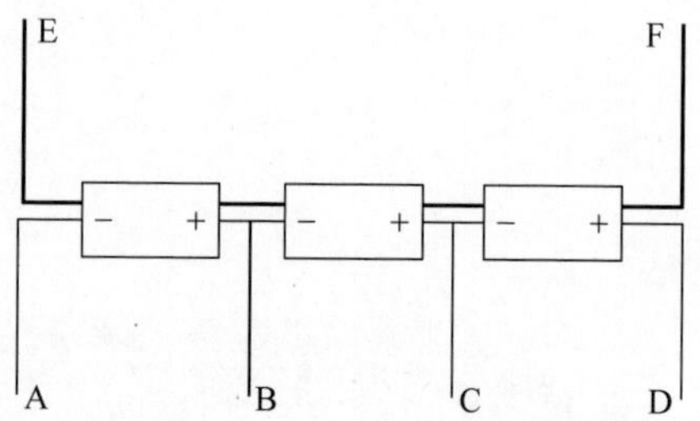

图4.2 无人机电池内部接线

无人机除了使用锂聚合物电池，还有一种使用比较多的电池，即由18650电池组成的电池组，如图4.3(a)所示。这种电池组是由许多个18650电池组成的，图4.3(b)所示是单节18650电池，它的外形类似于常用的5号电池，但是内部的化学材料不一样，可以循环充放电。

18650电池的额定电压是3.7V，所以它们需要串联使用，比如3S电池就是3个18650电池串联在一起，额定电压就达到了11.1V。与锂聚合物电池不同的是，这种电池容量比较小，虽然能够达到无人机飞行的电压标准，但是航时不能保证，所以18650电池还需要并联使用来提高容量，并联的组数用P表示。比如3S2P电池组，就是每组有两个电池并联，再把3组电池串联起来使用，一共由6个18650电池组成；如果是6S3P电池组，就说明每组有3个电池并联，

图 4.3　18650 电池组和单节 18650 电池

6 组电池串联，一共由 18 个 18650 电池组成。图 4.4 所示是一个 3S2P 规格的 18650 电池组的内部连接状态，这里需要注意的是，厂家在制作电池时会先把电池并联成一个小电池组，每组都是 3.7V，再把这些小电池组串联起来，而不是先串联再并联。另外，也有一些使用 21700 电池组成的电池组，和 18650 电池组的原理基本一样。

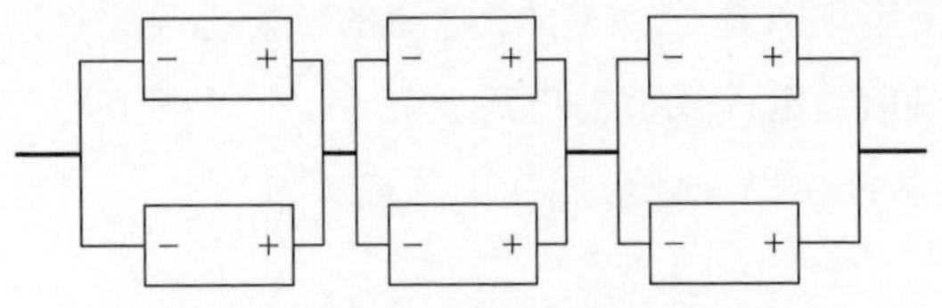

图 4.4　3S2P 规格的 18650 电池组

4.1.4　无人机电池的参数

锂聚合物电池和 18650 电池组都可以作为无人机电池使用，它们的外观、形态和内部组成材料都不相同，但是都包含主电源线和平衡充电线，参数也都是按照统一格式来定义的。选择无人机电池时存在一个悖论，就是普遍认为电池容量越大，无人机的航时越长，但是电池容量增大也会导致重量增加，更大的负载反而会缩短无人机航时，这是一个矛盾的问题。所以无人机电池的选择也需要一定的技巧，重点考虑几个参数，合适的参数可以最大限度地发挥无人机的飞行性能。接下来将介绍几个最常用的无人机电池参数。

1. 容量

无人机电池的容量一般用 mAh 表示，即如果一个电池的容量是 10 000mAh，则这个电池可以持续用 10 000mA 的电流放电 1 个小时。如果测量出无人机工作时的额定电流，也就能轻易地计算无人机搭载这个电池的飞行时长了。电池还有一个参数，单位是 Wh，这个单位是将电压考虑进去了，是容量与电压的乘积，一个 10 000mAh 的电池，如果额定电压是 11.1V，那么这个电池的能量就是 111Wh，而我们生活中常说的 1 度电就是 1000Wh。

2. 电压

无人机电池的另外一个重要参数就是电压，无人机的电调、电机及其他用电设备需要和电池电压匹配才能正常工作，电池电压一般用 S 表示，1S 代表 3.7V，3S 电池的额定电压是 11.1V，6S 电池的额定电压是 22.2V。同样功率的无人机，电池电压越高，电源线上的电流就越小，所以载重越大的无人机选用的电池电压就越高，这样可以保证电源线上的电流维持在一个安全的范围内。

3. 放电倍率

由前文已知，电池上的两个字母，S 代表串联的芯数，P 代表并联数，无人机电池还有一个参数，即放电倍数，用字母 C 表示。放电倍率代表电池的放电能力，如果一个电池的容量是 10 000mAh，放电倍率是 25C，则这个电池可以放出 250 000mA 的电流。无人机在高速机动时可能需要比较大的瞬间电流，如果电池的放电倍率不够，可能会造成无人机动力不足而炸机。

4. 充电倍率

充电倍率与放电倍率类似，代表充电时支持的最大电流，充电倍率越大，电池充电的速度就越快，这对需要不断更换电池连续飞行的应用场景来说意义很大。

5. 能量密度

能量密度表示单位重量的电池能量，单位是 Wh/kg，比如一个电池的能量密度是 260Wh/kg，就表示这个电池每千克重量包含 260Wh 的能量，这个参数一般不会在电池上直接标出。对于无人机来说，能量密度越大则同样重量下飞行时间越长。

除了以上参数，无人机电池还有内阻、自放电率、循环次数、充放电曲线等参数，这些参数的优化可以保证无人机发挥更大的飞行性能。不过作为新手，掌握上面的几个基础参数就可以了。

现在我们再看一下本节开头提出的问题，就知道为什么充电宝不能给无人机使用了，充电宝虽然容量也很大，但是电压只有 3.7V，如果用 3S 电池或 6S 电池的电压来换算，充电宝的能量就很小了，同时充电宝的放电倍率也不够，不能输出足够的电流保证无人机的飞行。

4.2 电池及充电器的安全使用

在与无人机相关的书籍和视频教程中，更多的是对飞控、电机、电调等核心模组的讲解，对无人机电池的充电和保养介绍并不多，但这并不代表电池的相关操作不重要。由于无人机电池是一种化学电池，如果操作不当就会导致电池燃烧爆炸，不仅会炸机，甚至还会影响自己或他人的人身安全，所以电池的安全使用也是无人机知识体系中非常关键的一个环节，本书将用一节的内容来为大家介绍。

4.2.1 电池的安全使用

使用无人机电池时，需要频繁地进行充电和放电操作，要想保证操作的安全和电池的寿命，首先要做到不过充和不过放。

要想理解什么是过充，需要先了解无人机电池充电的工作流程。正常的无人机电池充电包括恒流充电和恒压充电两个阶段，当电池电量较少时，这个电池的电压也会比较低，此时充电器会按设定好的安全电流进行充电，电池的电压也会逐渐升高，这一阶段是恒流充电；当单电芯电压达到 4.2V 时，就进入了恒压充电的阶段，充电器维持在 4.2V 的电压给电池充电，随着电池电量的不断增加，充电电流会慢慢减小，直到电流小于某一个设定值，充电器就认为电池已经充满。过充是指充电电压超过了额定值，如果充电时将截止电压设置成 4.5V，那么充电器就会将电池电压充到 4.5V 之后才会进入恒压充电的阶段，或者充电器发生故障，导致一直进行恒流充电，这些都是非常危险的，会严重影响电池的寿命和性能，严重的还会导致起火、爆炸。充电前一定要认真检查充电器的设置，充电电压和充电电流都不能超过电池的限制；充电过程中要保证有人在现场，如果发生了过充的问题，要在第一时间断开充电器电源，等电池冷却后再进行处理。如果电池发生膨胀变形，就不能再继续使用了，要及时联系专业人员回收处理。

无人机电池在使用时，单电芯的电压一般要保持在 3.6～4.2V，如果电池使用时电压低于 3.6V 时仍继续使用，就会对电池造成损伤，和过充一样都会影响电池的寿命和性能，电压过低还会导致无人机动力不足从而发生炸机风险。无人机飞控可以通过电源监测模块监测电池的电压，电压值会通过数传传输给地面站软件，飞行时要时刻关注电池电压，也可以在飞控中设置低电压时自动返航或降落。如果是近距离飞行并且没有使用地面站软件，也可以安装低电压报警器，当电池电压低于预定值后发出报警声提醒。电池过放后，如果使用充电器按正常流程进行充电，可能会发生高温起火的现象，对于过放的电池一定要找专业人员进行修复，避免发生危险。

进行无人机测试时，还有可能发生撞击的现象，这也会对电池造成损伤，当电池发生变形或外皮破损时，就可能出现漏液或短路的风险，这种情况下需要及时对电池进行回收处理，避免再次使用。

无人机电池要在干燥、温度适宜的环境下存放，放在专用的电池防爆箱内，不要和其他易燃、易爆物品放在一起，如果电池在存储过程中发生燃烧或爆炸，电池防爆箱可以起到隔离作用，另外电池不能满电存放，要保证单芯电压在3.8V左右，如果电压过高或过低都会影响电池寿命，长期存放的电池还要进行定期检查。

介绍无人机电池的外观时，已经知道电池有主电源线和平衡充电线，通过平衡充电线可以单独和每一个电芯直接连接，这对电池来说非常重要。无人机电池一般是由多个电芯串联使用的，如果只用主电源线充电，充电器不连接平衡充电线，由于制造工艺的不同，不同电芯的充电速度会有所差别，导致电池电芯的电压不均衡，会严重影响电池的寿命。我们以一个3S电池为例，3个电芯充电速度不同，在充电过程中，当总电压到达12.6V时，充电器认为已经充满，但并不是每个电芯都达到了4.2V，实际情况是一个电芯电压4.2V，一个电芯电压4.4V，另一个电芯电压4.0V，在这种情况下，充电快的4.4V电芯就出现了过充的现象；在使用过程中，充电慢的4.0V电芯会先放完电，产生过放的问题，这种过充和过放也就对电池的寿命和性能产生了影响。要想做到安全充电，就需要连接平衡充电线，充电器连接平衡充电线之后就会对每个电芯的电压进行监测，对电压较高的电芯降低充电速度，对电压较低的电芯提高充电速度，最终实现每个电芯电压的均衡。

现在也有一些无人机电池内置了BMS(battery management system，电池管理系统)，可以对电池内部电芯进行管理，维持电芯之间的电压平衡，也可以监测电池的电流、温度等关键参数，BMS模块可以更有效地保护无人机电池。

4.2.2 充电器的安全使用

无人机电池充电器的使用是无人机使用过程中绕不开的一个环节，而且在学习无人机时需要频繁地充电，这是一项非常严肃的工作，充电器使用不当会带来极大的风险。最简单的充电器是只用平衡充电线的充电器，图4.5所示是一个 B3 平衡充电器，这种充电器在操作时只需要将平衡充电线插到充电器上，正常充电时充电器的 3 个指示灯变成红色，当有电芯充满之后，对应的指示灯就会变为绿色；当 3 个指示灯全部变为绿色，就代表电池的 3 个电芯全部充到 4.2V。这种充电器操作非常简单，但是它只能给 2S 电池或 3S 电池充电，而且只能给 4.2V 的电池充电，4.35V 的高压电池不能使用这种充电器。这种充电器的另一个弊端就是充电速度比较慢，因为只接了平衡充电线，所以充电电流较小。

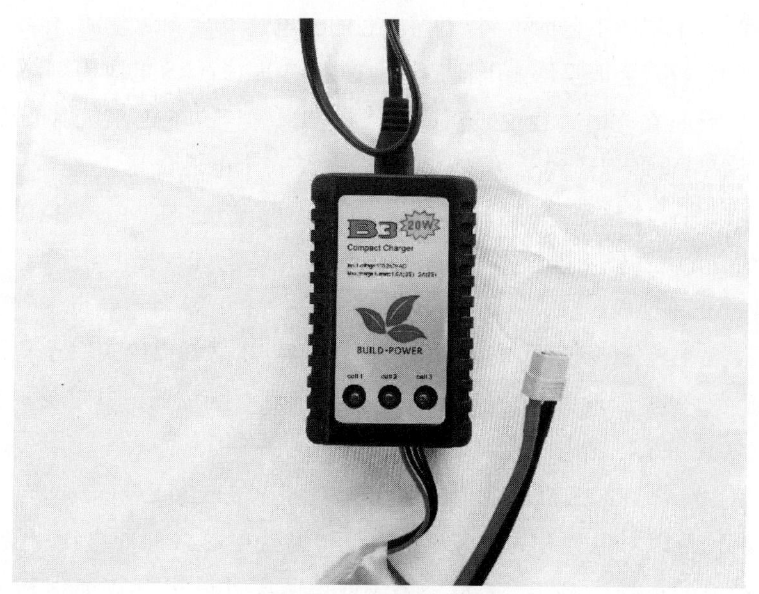

图 4.5　B3 平衡充电器

如果对电池充电有更高的需求，可以选择性能更强一点的充电器，还有一款使用人数比较多的充电器是 D6Pro 充电器，如图 4.6 所示。与 B3 不同的是，这款充电器带了显示屏和按钮，充电时需要将主电源线和平衡充电线都接入充电器，主电源线可以保证更大的充电电流，平衡充电线可以维持电芯之间的电压平衡。充电器连接电池之后，首先需要选择要进行的操作，包括放电、平衡、充电等，如果存储电池时电压较高，就需要进行放电操作，放电到 3.8V 左右后存放；如果电池的电芯之间电压不同，可以使用平衡功能保证电芯之间的电压相等；如果要对电池进行充电，就选择充电选项。接下来选择电池类型，包括LiHv、LiPo、LiIon等，LiHv是高压电池，充电时会将电芯电压充到4.35V；LiPo是锂聚合物电池，也就是最常用的无人机电池；LiIon是锂离子电池，给18650电池和21700电池充电就选择LiIon。大家一定要根据实际充电的电池类型来选择，如果给锂聚合物电池充电时选择了LiHv，就会出现过充的问题。选择好电池类型，充电电压也就确定了，可以在充电器设置界面进行微调。比如选择了LiPo电池，充电电压会设置到默认的4.2V，还可以在充电器的电压设置界面调整为4.16V、4.17V、4.21V、4.22V等。接下来还需要设置电池串数，让充电器知道现在连接的电池是3S电池还是6S电池，最后需要设置充电电流，充电电流可以根据电池的充电倍率参数来计算，完成以上设置之后就可以开始充电了。

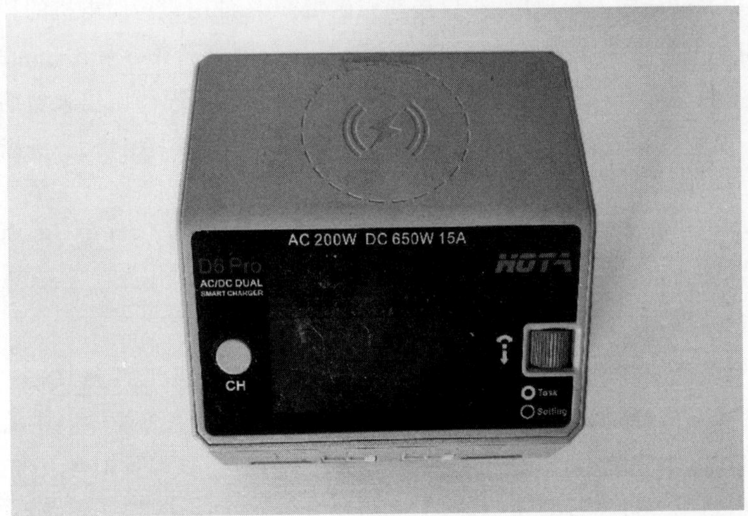

图4.6 D6Pro充电器

充电过程中，充电器的显示屏会显示电池的当前电压和充电电流，电压包括电池的总电压和每个电芯单独的电压。充电完成时，充电电流就减小到0A

了。其他无人机充电器的充电流程与D6Pro的操作大同小异，基本上都需要设置电池类型、电压值、电流值等参数，操作过程中一定要保证参数设置正确，并且在充电过程中要保证有人在现场。

4.3 无人机电池的选型和安装

选择无人机电池时要考虑多个因素，合适的参数才能保证无人机的飞行稳定性和航时。首先要考虑电池电压，因为这个参数也会影响电调和电机的选型。如果无人机尺寸和载重较小，可以使用3S电池。如果无人机载重较大，就需要提高电池电压了，否则无人机的工作电流会很大。其次要考虑电池的重量和容量，为了提高航时可能会选择容量大的电池，但是重量也会随之增加，实际并不一定会提高无人机航时，所以需要先确定50%油门飞行时电机的拉力是多少，再由此推算电池的重量，然后在合适的重量范围内选择容量比较大的电池。选择电池时还需要考虑电池的放电倍率，如果无人机要进行比较激烈的飞行动作，就需要提供很大的瞬时电流，这就要求电池的放电倍率比较大，所以建议大家购买放电倍率比较大的电池。

本书中组装的F450无人机尺寸较小，所以直接选择3S电池，根据载重情况可以选择容量为2200mAh左右的电池，由于飞行过程中不需要完成难度较大的飞行动作，所以放电倍率在30C左右即可满足需求。

此处选择的无人机电池通过XT60接口与无人机进行连接，电池端为XT60母头，无人机端为XT60公头，将XT60公头的总电源线焊接在无人机下碳板上，如图4.7所示，由于飞行中总电流比较大，所以焊接时要保证焊接质量。考虑到无人机飞行的稳定性，无人机电池一般安装在靠近中心的位置，此处将无人机电池安装在无人机上碳板上，用魔术贴扎带固定。

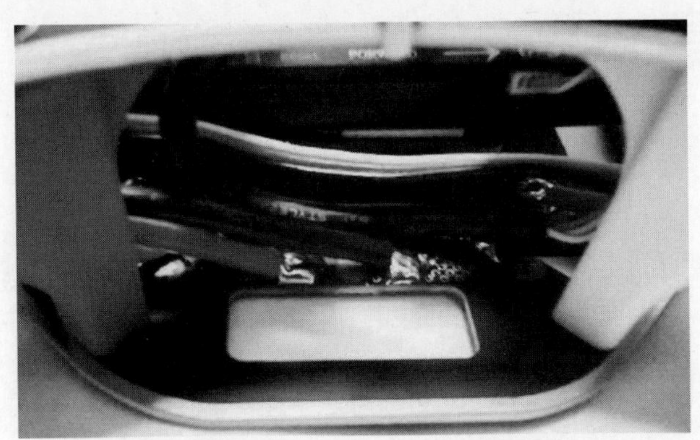

图 4.7　无人机总电源线

4.4　本章小结

本章首先介绍了日常生活中常用的电池及电池的分类，对锂电池进行了详细介绍，然后为大家讲解了无人机常用的锂聚合物电池和 18650 电池组的基本情况，以及无人机电池需要关注的几个基础参数，最后对无人机电池的充电和安全操作进行了详细讲解。

第5章

>>>>>>>>>>>>

飞控系统

经过前面几章的学习，我们了解了无人机的飞行原理、动力系统、通信链路和动力电池的相关知识，并且根据前面的教程得到了一个装有电机、电调、螺旋桨、接收机和电池的四旋翼无人机。本章主要讲解无人机飞控的相关知识，并介绍如何正确地将飞控及相关模块安装在无人机上。飞控是无人机飞行原理的实际执行模块，也是动力系统的控制模块，是无人机的大脑，是实现无人机应用价值的核心部件。本章的主要内容如下。

- 飞控的硬件接口和内部传感器。
- 飞控的外接拓展模块。
- 飞控中使用的滤波算法和PID算法。
- 飞控的选型和安装方法。

5.1 什么是飞控

本节将介绍飞控的基本概念、飞控的内部传感器、飞控的接口，帮助大家更好地了解飞控。

5.1.1　飞控的基本概念

飞控全称飞行控制系统，是无人机中负责稳定飞行、指令接收、任务执行的模块，是无人机不可或缺的组成部分。飞控内置多种传感器，可以获取无人机的实时状态并做出反馈，同时飞控还有丰富的外置接口，可以连接卫星定位模块、避障模块等多种外置传感器，保证无人机高效、稳定地执行飞行任务。图 5.1 所示是一款常用的 APM2.8 无人机飞控。

图 5.1　APM2.8 无人机飞控

飞控既然这么重要，那么它在整个无人机系统中是怎样运转的呢？由图 5.2 可知飞控在整个无人机系统中的作用，主要包括获取状态、接收指令和反馈。飞控首先要获取无人机的实时状态，飞控自身带有内部传感器，可以获取无人机的姿态角和气压高度等数据，还会通过串口或 I^2C(inter-integrated circuit，集成电路总线)连接卫星定位模块和电源监测模块，获取无人机的三维坐标和电池电量。飞控还需要接收操作人员的控制指令，一般可以通过两种渠道获得，一种是通过遥控器接收机获得遥控器各个摇杆的通道值，另外一种就是通过数传获得地面站软件的任务指令，比如起飞、执行航线、返航、降落等。获取无人机的实时状态和操作人员的控制指令后，无人机还要做出反馈，这个工作就是飞控控制电调和电机完成的。对于四旋翼无人机来说，飞控需要控制四个电机的转速，具体工作逻辑可以参考第 1 章介绍的飞行原理。

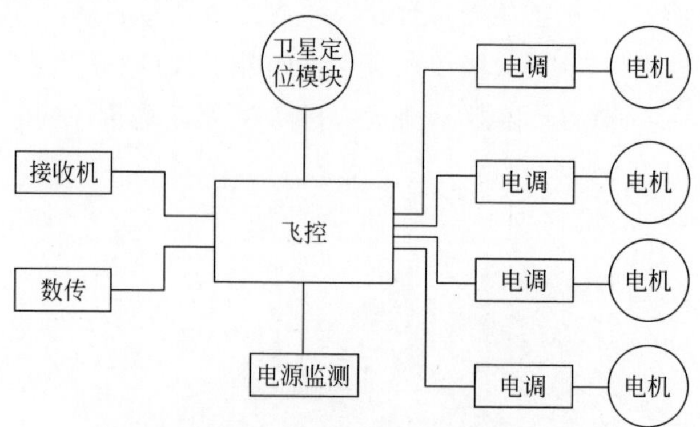

图 5.2　飞控系统工作示意图

5.1.2　飞控的内部传感器

无人机能够快速、准确地感知自身姿态变化并做出响应，原因是飞控接收到了多种传感器反馈的数据，每个传感器有自己单独的作用，飞控则将不同传感器采集的数据进行融合处理，最终达到稳定飞行的效果。本节介绍飞控的内部传感器，这些内部传感器可以提供最基础的飞行数据，依靠内部传感器无人机就可以实现最简单的飞行功能。

1. 陀螺仪传感器

要获取姿态信息，首先想到的传感器肯定是陀螺仪传感器，陀螺仪传感器主要用来测量无人机的角速度，陀螺仪还可以与加速度计配合测量无人机的角度，是飞控中必不可少的传感器。

早在1850年法国物理学家莱昂·傅科就发现了陀螺仪的基本规律，即高速旋转的物体在不受外力的情况下旋转轴永远指向同一方向，人们在这个物理规律的基础上制造了陀螺仪。陀螺仪的核心结构是一个高速旋转的转子安装在两个嵌套的外框架上，利用角动量守恒的原理计算角度变化。陀螺仪在航空、航天领域得到了广泛的应用。

对于一款小型无人机来说，重量只有几百克甚至几十克，如何把陀螺仪传感器这样一个复杂的机械装置放到无人机内部工作呢？为了解决这个问题，需要用到MEMS(micro electro mechanical systems，微机电系统)陀螺仪。与传统陀螺仪利用角动量守恒计算角速度不同，MEMS陀螺仪主要利用柯氏力计算角速度，这个原理很简单，只要让一个物体以固定的线速度运动，通过测量它受到的柯氏力就可以算出角速度，这样陀螺仪就可以做到几毫米大小。

2. 加速度计

无人机中还有一个必不可少的传感器就是加速度计，加速度计可以直接测量无人机的角度。相对于陀螺仪传感器来说，加速度计的工作原理就简单很多了。通过牛顿第二定律可以知道加速度和力是有关系的，加速度计利用压电效应或电容的变化可以测出3个轴向所受的力，从而计算出每个轴的加速度，同时重力也会给传感器带来向下的加速度。

以上是加速度计测量加速度的原理，那么它是如何测量角度的呢？图5.3所示是加速度计测量角度的基本原理。如图5.3(a)所示，当传感器水平放置时，只有加速度计的底面会测量到1g的重力加速度，其他面测量不到加速度值；如图5.3(b)所示，当传感器倾斜放置时，加速度计的两个面都会检测到加速度，并且根据力的分解可以计算出倾斜角度。这个示意图只是为了方便大家理解在理想状态下存在的情况，实际使用中要考虑加速度计6个面的加速度值，而且传感器在无人机上也会受到各个方向震动的影响，这些就需要靠算法来解决了，后面将对此详细介绍。

加速度计通常不是单独使用的，它会和陀螺仪以一个整体的形式出现，叫

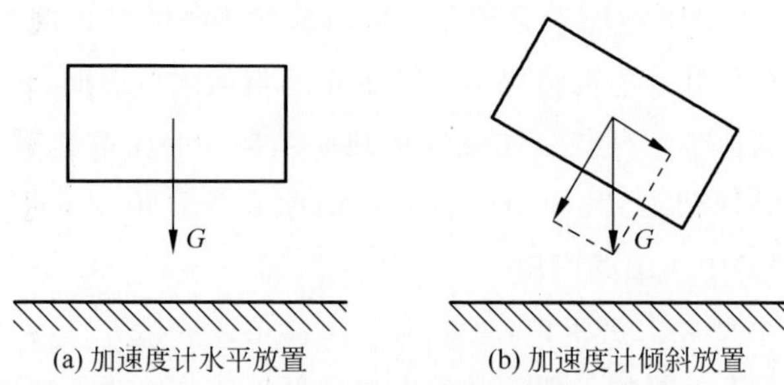

(a) 加速度计水平放置　(b) 加速度计倾斜放置

图 5.3　加速度计测量角度的基本原理

作 IMU(inertial measurement unit,惯性测量单元)。陀螺仪用来测量无人机的角速度,还可以通过积分计算获得角度,但是积分计算会产生累计误差,所以陀螺仪的静态稳定性不好。加速度计可以直接测量无人机的角度值,但是由于加速度计会受到无人机震动的影响,数据有很大的噪声,所以加速度计的动态稳定性不好。为了更好地发挥两种传感器的长处,飞控接收到 IMU 输出的数据之后,会采用互补滤波算法进行处理,基本原理就是采用陀螺仪的实时数据降低加速度计的噪声,同时用加速度计的角度数据纠正陀螺仪积分产生的累计误差,为飞控提供更准确的数据。

3. 气压计

无人机除了需要掌握自身的姿态信息,还需要实时获取自身的高度信息,否则无人机会上下摆动,操作人员只能通过不断地调整遥控器油门保证无人机维持在一个固定高度,这样做显然是不合理的,为了解决这个问题,需要用到气压计传感器。

地球上的大气压是随着高度变化而变化的,随着海拔升高,气压会不断减小,气压计通过测量当前高度的气压值可以计算出当前的海拔高度。不过在常用的飞控中,气压计通常不用来测量海拔高度,这个工作一般是由卫星定位模块完成的,气压计主要用来记录起飞高度,即无人机当前位置与起飞点的相对高度。飞控安装在无人机上会受到螺旋桨气流的影响,为了解决这个问题,通常会在气压计上粘一块海绵，这样可以避免螺旋桨气流的影响，进而准确测量气压值。飞控中常用的气压计测量高度的精度一般能达到 10cm，再结合卫星定位模块、激光测距模块等其他传感器的数据，可以保证无人机在飞行中比较稳定地维持高度。

4. 磁罗盘

地球上存在磁场，古人根据磁体同性相斥、异性相吸的原理发明了指南针，利用这个工具，人类在陌生的环境下就可以辨别方向了。辨别方向对于无人机来说也很重要，但是我们不可能把指南针装到飞控里，荷兰物理学家洛伦兹的发现可以帮助飞控解决这个问题。运动的电荷在磁场中会受到一种力，也就是洛伦兹力，根据这个发现，工程师们发明了电子磁罗盘。

电子磁罗盘体积非常小，也很适合装在飞控里面，但是使用起来没有 IMU 和气压计那么简单。电子磁罗盘在初次使用时需要校准，常规的校准方式需要操作人员分别将无人机的 6 个面朝上进行 360°旋转。电子磁罗盘也容易受到干扰，如果附近有高压电塔或者电线，则磁罗盘数据很容易出现问题，最后一章介绍安全飞行时，还会专门强调这个问题。

5.1.3　飞控的接口

飞控在不同机型的无人机中需要连接不同的设备，比如在电驱动无人机上飞控要连接电源监测模块实时查询电池电量，在固定翼无人机上飞控要连接空速计测量空速，在室内飞行时飞控要连接光流计进行室内定点悬停，为了适配各种各样的外接模块，飞控会提供丰富的接口，保证更广的适用范围。图 5.4 所示为飞控上的一些常用接口，接下来介绍一下飞控上常用的接口。

1. 调试接口

当我们拿到一款新的飞控，首先要做的就是检查飞控的各项功能是否正

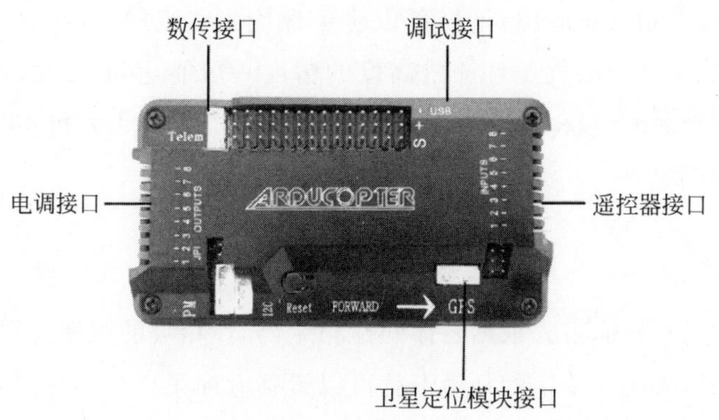

图 5.4　飞控的接口

常，最简单的办法就是找到飞控的调试接口连接调试软件进行检查。常规的飞控一般都配备一个 Micro USB 接口或者 Type-C 接口，这个接口可以保证在不使用其他数传链路的情况下快速调试软件通信，帮助操作人员第一时间了解飞控的状态和各项参数。除此之外，可以通过这个接口对飞控进行固件升级、参数调试等操作，调试接口是一个成熟飞控最基本的配置。

2. 电调接口

通过前面介绍的飞行原理可知，四旋翼无人机靠 4 个电机完成所有的动作，这就需要飞控能够实时、准确地控制电机转速，飞控的这一功能是通过 PWM 接口实现的。飞控一般有一排 8 个 PWM 接口，支持四旋翼、六旋翼和八旋翼无人机，每个 PWM 接口有 3 个引脚，分别为电源地、电源 5V 和信号，第 2 章已经介绍了常用的电调 PWM 接口也是标准的 3 个引脚，与飞控一一对应连接。

介绍动力系统时我们知道，电调接口不止有 PWM 这一种，比如穿越机用的四合一电调一般使用 DShot 协议，另外还有 Oneshot、Multishot 等协议。不过常用的无人机飞控还是 PWM 接口比较多，这也是考虑到飞控的通用性，因为固定翼无人机机翼上的舵机也靠 PWM 控制，如果飞控用在固定翼无人机上的话，PWM 输出接口可以直接连接舵机来控制机翼。

3. 遥控器接口

飞控与接收机的通信协议有多种形式，包括 PWM、PPM 和 SBUS 等，每种接口有各自的特点，也有接收机同时支持 PWM、PPM 和 SBUS 3 种接口，如图 5.5 所示，不过飞控一般只预留一种接口与接收机连接。

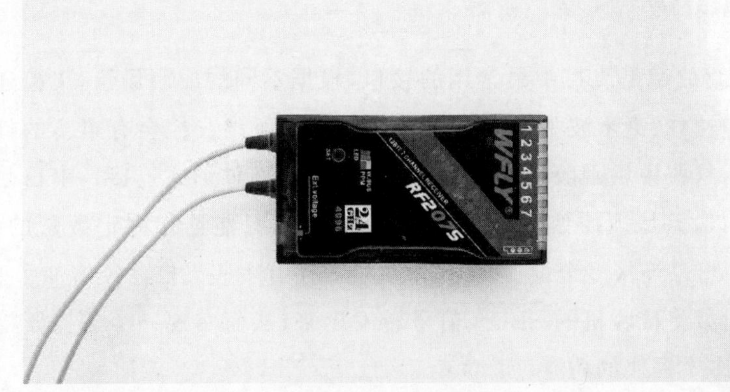

图 5.5　接收机

4. 卫星定位模块接口

卫星定位模块需要装在无人机顶端，防止无人机的其他结构对卫星信号造成干扰，而飞控一般安装在机身内，这就导致卫星定位传感器不能集成到飞控里面，只能外置连接。卫星定位模块一般使用串口连接飞控，也有一些模块使用 CAN(controller area network，控制器局域网总线)接口连接。由于卫星定位模块一般装在无人机干扰较小的位置，所以这个模块上一般还带一个磁罗盘传感器，这样就可以忽略飞控内置磁罗盘在机身中受其他电气设备干扰的问题，所以常用的卫星定位模块还会带一个磁罗盘信号线，一般使用 I^2C 接口。

5. 数传接口

前文已经介绍了通过调试接口可以获取飞控状态和调试飞控参数，但是调试接口只能在地面调试时使用，如果无人机飞行在空中，就没有办法使用调试接口连接了，这时候就需要使用数传接口了。数传接口一般都是串口，飞控会单独预留一路固定的串口来连接数传和地面站通信。

6. 其他接口

前面介绍的都是飞控中最常用的接口，根据不同的应用场景，飞控还会连接光流计、空速计、毫米波雷达、光电吊舱等设备，所以飞控会有丰富的接口连接这些模块，这些模块一般使用串口、I^2C 和 CAN 3 种形式连接。串口是最常规的对外接口，但是飞控处理器的串口资源有限，只能连接固定数量的设备，I^2C 和 CAN 可以连接多个设备，扩展性更强。还有一些飞控已经增加了 SBUS 输出接口，可以将接收机的 SBUS 信号转发出来，从而实现一个遥控器控制无人机和其他多个模块的功能。

5.2 飞控的拓展模块

上一节对飞控主体进行了详细的介绍，但是基本的稳定飞行功能已经不能满足日益丰富的应用场景了，对无人机的操作需要更加方便、安全，这就需要更多功能的外置模块来实现。本节将介绍几种飞控常用的外置拓展模块。

5.2.1 卫星定位模块

卫星定位模块虽然是飞控的外接模块，但是它和飞控主体一样重要，基本是无人机的标配模块，那么卫星定位模块有什么作用呢？当我们在室外操作无人机时，无人机会随着遥控器的指令运动，如果停止操作遥控器，无人机就会悬停在空中等待操作人员的指令，无人机能在空中稳定悬停，就是因为安装了卫星定位模块，它为飞控提供了准确的位置信息，无人机一旦偏离预定位置，飞控就会控制无人机的姿态回到原位。卫星定位模块的作用就是为飞控提供位置和速度。

无人机常用的卫星定位系统有中国的北斗卫星导航系统、美国的 GPS（Global Positioning System，全球定位系统）、欧盟的伽利略卫星导航系统和俄罗斯的 GLONASS（Global Navigation Satellite System，格洛纳斯），基本原理都是一样的，卫星定位模块与不少于 4 颗卫星进行连接，通过计算与这些卫星的距离就可以计算出定位模块的三维坐标。无人机的卫星定位模块现在可以同时支持两种卫星系统甚至 4 种卫星系统实现无人机定位功能。

GPS 模块定位误差在米级范围内，所以无人机在空中悬停时位置会随着时间偏移，不过对日常使用已经足够了，也有一些特殊场景需要无人机精准定位，不能有偏差，这种情况下就要用 RTK（real-time kinematic，实时动态）载波相位差分技术了。RTK 的基本原理也非常简单，首先在一个已知三维坐标的地方放置一个 GPS 模块，这样就知道了这个 GPS 模块与实际位置的偏差，然后将偏差发送给无人机上的 GPS 模块，无人机上的 GPS 模块将这个偏差进行修正，就得到了准确的坐标。RTK 技术的定位精度可以达到厘米级，基本可以满足无人机所有应用场景的精度要求。

5.2.2　光流模块

无人机外接卫星定位模块之后可以在室外实现定点悬停，那么在室内卫星信号被遮挡的情况下怎么实现悬停呢？这就用到了光流模块。光流模块可以实时测量无人机的运动速度和方向，光流模块将无人机偏移信息发送给飞控，飞控再通过调整无人机姿态回到原来的位置，这样就达到了室内定点悬停的效果。

要了解光流模块的工作原理，先从生活中最常见的光学鼠标开始说起。光学鼠标底部的发光二极管发光照射到鼠标垫上，鼠标垫上的纹理会将光反射到鼠标的成像传感器上，成像传感器对前后两帧图像进行分析，就计算出了鼠标的移动速度和方向。光流也是同样的原理，光流底部的摄像头也会不断地采集地面图像，对比前后两帧图像计算出无人机的移动速度和方向，再将这些数据传输给飞控进行处理。不过我们都知道鼠标放在光滑的桌子上，光标就会漂移，光流也是一样，如果地面光滑，无人机也会漂移。

使用光流模块还有一个要注意的问题就是倾角补偿，如图 5.6 所示。无人机实际在位置 A，水平飞行时光流模块通过视线 A 看到了地面 A，当无人机有倾斜角度时，光流模块就会通过视线 B 看到地面 B，如果没有倾角补偿，飞控会认为自己已经偏移到了位置 B，这个错误的信息会让飞控做出错误的决策。引入倾角补偿之后，飞控会通过倾斜角度计算出视线偏移造成的误差，然后对光流数据进行补偿，这样就可以避免无人机摆动造成的光流数据不准确问题。

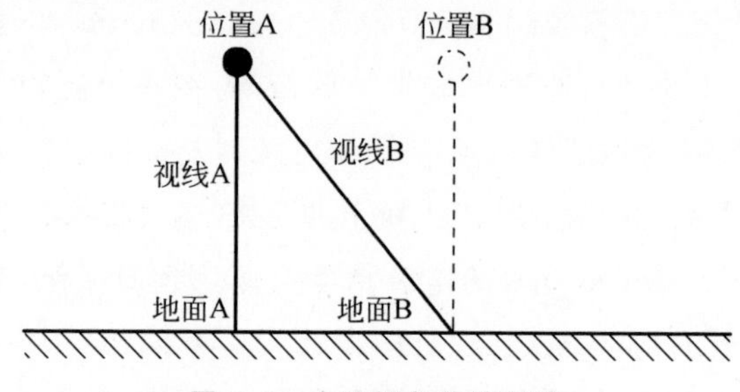

图 5.6 光流倾角补偿原理

5.2.3 避障模块

在操作无人机或无人机自主执行航线时，都不希望无人机撞到树枝、电线等障碍物，为了保证飞行安全，很多无人机都安装了避障模块。避障模块的基本原理是通过传感器探测周围障碍物的距离，当距离较近时飞控会控制无人机悬停或绕开，避免撞到障碍物发生无人机坠机事故。

无人机避障模块大致分为两种，一种是以激光传感器、超声波传感器为代表的避障模块，可以测量无人机到物体之间的距离，将距离信息传输给飞控进行处理。这类避障模块价格便宜，但是只能单点测距，对体积较小的障碍物辨别能力较差。另一种是视觉避障，利用双目摄像头、深度摄像头等，通过视觉计算出与障碍物之间的距离。视觉避障对无人机的算力要求更高，但是避障效果也比传感器避障好。

5.2.4　电池监测模块

电池监测模块也是无人机的重要模块，它串联在电池和无人机中间，可以测量电池的电压和电流，飞控通过电池电压和电流就可以计算出剩余飞行时间，当电压低于设定值时就会自动返航，同时电池监测模块还可以降压为飞控供电。

5.2.5　空速计

我们上小学的时候一定见过这个题目：小船在静水中的速度是10m/s。水流速度是4m/s，小船逆流而上航行100m需要多少时间？这个题目的核心是参考系，以河水为参考系，小船的速度是10m/s，但河水也是有速度的，所以小船在水流中相对大地的速度只有6m/s。无人机也是一样，我们习惯于以大地为参考系来定义无人机的悬停状态，其实无人机在空中也要考虑风速的影响。

固定翼无人机一般都要安装空速计，因为固定翼无人机对风速风向的依赖更大。固定翼无人机飞行时一般需要注意两个速度参数：空速和低速。固定翼飞控更多地依靠空速飞行，这样才能保证无人机以最高的效率安全飞行，如果无人机在顺风的情况下按地速飞行，很可能会失速坠落。空速计由传感器和空速管组成，空速管一般安装在无人机机头的位置，避免其他气流的影响，空速管通过气管连接空速计传感器，空速计再通过 I^2C 或 CAN 接口将数据传输给飞控。图 5.7 所示为安装在固定翼无人机上的空速管。

图 5.7 固定翼无人机上的空速管

5.3 飞控的算法

如果把飞控看作无人机的大脑，那么运行在飞控中的算法就是无人机的思想和灵魂，这些算法在飞控中高速运行，保证无人机能在各种复杂环境下稳定飞行。

飞控中的算法是以软件的形式运行的，要了解飞控中各种算法的运行规律，首先要了解飞控的软件框架。由于要同时处理多种传感器的数据并做出响应，飞控程序一般都有任务调度的能力，保证程序能够多线程运行。这种能力类似于计算机的多线程，可以同时播放视频、浏览网页、编辑文档，飞控程序的任务调度也能保证飞控在同一时刻接收 IMU、气压计、定位模块的传感器数据和遥控器、数传的控制指令，然后通过算法计算 4 个电机的转速，有些算法在程序中的运行频率能达到每秒钟 1000 次。

飞控中有各种各样的算法同步执行，其中和用户最相关的就是滤波算法和PID算法，本节主要介绍飞控中这两种最常用的算法。

5.3.1 滤波算法

滤波算法是控制系统中最常用的算法之一，飞控需要获取传感器的数据来工作，但是传感器的原始数据一般都是存在噪声的，噪声会影响无人机的飞行稳定性，所以飞控都会用滤波算法过滤传感器噪声。飞控常用的滤波算法有两种，一种是互补滤波算法，另一种是卡尔曼滤波算法。

互补滤波算法主要用作姿态解算，前面讲到IMU包含加速度计和陀螺仪，陀螺仪积分得出的角度有累计误差，但是动态稳定性好。加速度计容易受到震动的影响，但是静态稳定性好，这种情况就用到了互补滤波算法，它的基本原理也很好理解，就是短期内更相信陀螺仪的数据，但是长期更相信加速度计的数据，对两种传感器进行优势互补，提高测量精度。

卡尔曼滤波算法相对复杂一些，如果大家去查资料会看到卡尔曼滤波的5个核心公式，但是这些公式晦涩难懂，对于入门无人机来说暂时还不需要彻底推导清楚，所以这里用简洁的语言介绍一下这个算法。如果想知道无人机的高度，可以通过气压计测量数据，也可以通过上一次高度经过一系列解算推导出本次的高度，但是气压计测量的高度和推导的高度不一样怎么办呢？可以取平均值处理。如果我们知道推导出来的高度更接近真实高度，就可以通过加权平均的方式确定结果，同时这个加权平均的系数就取决于上一次的测量值和推导值哪一个更接近真实结果了。

5.3.2 PID算法

PID算法是控制工程中最常用的算法，整个算法主要由P(比例)、I(积分)、D(微分)3部分组成，与其他控制算法相比，PID算法更简单、有效，通用性和可靠性也很强。那么PID算法在无人机飞控中是怎么起作用的呢？假设无人机在空中接收到一个指令要求飞到一个指定位置悬停，无人机就会以恒定的速度向目标点飞行，达到目标点时悬停，但是由于无人机有惯性，肯定会超过目标点，如果提前减速也有可能无法到达指定位置，这时候就用到了PID算法。

要了解PID在无人机中具体的工作原理，首先来看PID算法的核心公式：

$$u(t)=K_{\mathrm{P}}e(t)+K_{\mathrm{I}}\int e(t)\mathrm{d}t+K_{\mathrm{D}}\frac{\mathrm{d}e(t)}{\mathrm{d}t} \tag{5.1}$$

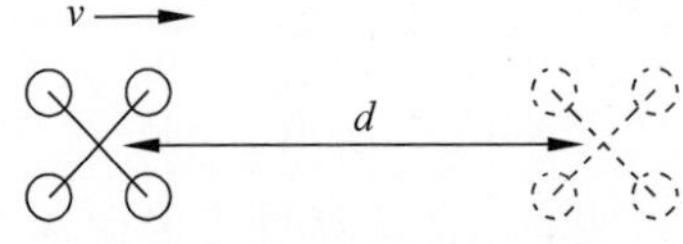

图5.8 无人机回到目标位置

式中，$u(t)$为输出量，$e(t)$为输入量，K_{P}、K_{I}、K_{D}分别为比例、积分、微分。第一次看到这个公式可能会觉得比较抽象，如果将该式放到无人机指定位置悬停的例子里，如图5.8所示，$u(t)$为PID算法计算出的速度v，$e(t)$为无人机到目标点的距离d，接下来看一下如何使用PID达到稳定效果。

首先只用比例控制，无人机距离目标点的位置是16m，将K_{P}设为0.5，也就是无人机的速度v始终是距离d的一半，PID计算周期设为1s，以下计算可以演示无人机到达目标位置的过程。

运算时间(s)	速度(m/s) = 0.5 × 距离(m)
1	8 = 0.5 × 16
2	4 = 0.5 × 8
3	2 = 0.5 × 4
4	1 = 0.5 × 2
5	0.5 = 0.5 × 1

可以看到，随着时间的推移，无人机与目标点的距离不断减小，同时速度也在不断减小，最终会在无限接近目标点的情况下停下来，但这是在理想状态下，实际情况会有多种因素影响，比如风的影响。假设无人机飞向目标位置时是逆风，风速为2m/s，此时无人机的速度表示空速，通过以下计算说明此时会发生什么情况。

运行周期(s)　速度(m/s) = 0.5 × 距离(m)

⋮　⋮　⋮　⋮

n　2　= 0.5 × 4

$n+1$　2　= 0.5 × 4

当无人机与目标位置的距离为4m时,无人机的空速是2m/s,此时风速也是2m/s,无人机的地速就会变为0,从地面来看无人机已经在逆风中悬停了,无人机永远无法到达指定位置,这个现象在PID中叫作稳态误差,那么这种情况怎么办呢？此时就要引入积分了,当无人机在逆风中悬停时,加入积分 K_I,将 K_I 设为0.2,通过以下计算看一下会有什么效果。

运行周期(s)　速度(m/s) = 0.5 × 距离(m) + 0.2 × 距离的累加(m)

⋮　⋮　⋮　⋮　⋮　⋮

n　2.8　= 0.5 × 4　+ 0.2 × 4

$n+1$　3.04　= 0.5 × 3.2　+ 0.2 × 7.2

可以看到,解决稳态误差的关键数据就是距离的累加,随着时间的推移,积分值会越来越大,因此无人机的空速也会不断增加,最终还是会回到目标位置,这就是积分的意义。

利用PI控制基本可以解决问题了,实际的控制工程中也确实有很多系统只使用PI控制,那么D值还有什么作用呢？我们还是回到无人机这个例子中来。现实生活中物体都是有惯性的,在实际场景中无人机到达目标点时很难及时停住,这种情况下就会超出目标点,无人机就要倒回来一点距离,这个现象在PID中叫作超调。这种情况下,D值就派上用场了。通过公式可以知道D值是和距离的微分做乘积的,那么距离的微分是什么呢？答案是距离的变化率,通俗地说就是本次的距离减去上一秒的距离,即 $e(t)-e(t-1)$。我们设定D值为0.1,假设距离的变化率比较大,上一次的距离是10m,本次的距离是2m,那么PID公式中D这部分的乘积就是−0.8；如果变化率比较小,上一次的距离是10m,本次的距离是5m,那么PID公式中D这部分的乘积就是−0.5,也就是说距离变化率越快，D 值这部分的抑制作用就越强。通俗来讲，D 值主要起到了缓冲的作用，可以有效缓解超调的问题。

在前面的例子里，我们已经了解了 PID 算法是如何控制无人机稳定停到目标位置的，实际上整个无人机程序运行过程中用到了多个 PID 算法，速度控制和角度控制同样用 PID 实现，这种情况下可以把这几个 PID 串起来使用，也叫串级 PID。如图 5.9 所示，无人机串级 PID 的具体思路是首先确定预期位置，位置环 PID 为了稳定到达预期位置会计算出一个预期速度，速度环 PID 为了达到预期速度会计算出一个预期角度，角度环 PID 还会计算出电机转速，同时位置、速度、角度也会反馈给各个 PID 算法，这就是串级 PID。

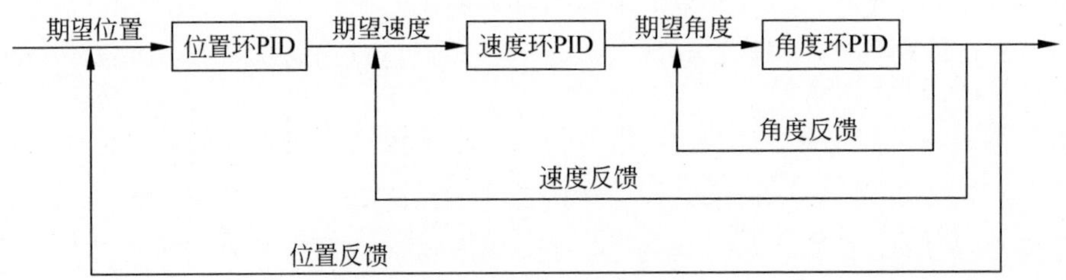

图 5.9　无人机串级 PID

5.4　飞控的选型与安装

前文对飞控系统进行了详细的讲解，接下来进入本章的操作环节，选择一款合适的飞控并安装在无人机上。

5.4.1　飞控的选型

无人机技术已经发展得非常成熟，可供选择的飞控种类也非常多，可以根据机型选择多旋翼飞控、固定翼飞控、直升机飞控、穿越机飞控，也可以根据开源情况选择商品飞控直接使用或选择开源飞控进行二次开发，不同性能的飞控价格差异也很大。本小节将介绍无人机飞控选型的相关知识。

1. 飞控用途选择

选择飞控首先要考虑无人机的用途，不同用途的无人机对应的飞控程序、控制软件、外置模块都不相同，比如植保无人机的飞控要控制喷洒农药，控制软件可以选择作业范围设置喷洒路径；航拍无人机的飞控要控制光电吊舱，控制软件可以控制光电吊舱进行扫描、拍照和录像。要根据实际使用需求选择飞控，这样才能发挥飞控的最大价值。

2. 飞控硬件的选择

选择飞控也要看硬件配置，目前不同飞控的硬件配置的区别主要集中在处理器和传感器上，运算性能更强的处理器可以运行更复杂的控制算法，也可以兼容更多的外接模块，常用的飞控处理器一般是 STM32 系列芯片的 F4 系列、F7 系列和 H7 系列。不同飞控的传感器配置也不相同，更高端的传感器可以提供更准确的测量数据和更小的噪声，也有一些飞控使用两个传感器或者 3 个传感器的冗余组合，避免某一个传感器出现故障造成坠机风险。

3. 飞控软件的选择

飞控的软件配置也是选择飞控的一个重要指标，如果只使用标准功能，可以选择成熟的商品飞控，因为这些飞控的操作和调试非常简单，更适合用户上手使用；如果需要进行二次开发实现特定的功能，就需要选择开源飞控。开源飞控的代码全部开源，并且提供了完善的开发文档帮助开发，目前常用的开源飞控有 Ardupilot、PX4 等，这些飞控也提供了开源的地面站软件。

本书装配的无人机是入门型无人机，所以选择性价比更高的飞控。同时，为了了解更多的飞控知识，选择开源飞控，因为开源飞控的调试软件更加丰富，有助于了解不同参数对飞行稳定性的影响。

本书装配的无人机选择 APM2.8 飞控，该飞控价格实惠，更适合新手入门，飞控处理器采用 ATMEGA2560 芯片，集成了 16MB 的 Flash 内存，IMU 使用 MPU6000，气压计采用 MS5611，测高精度 10cm，电子磁罗盘为 HMC5883L，支持 8 路 PWM 输入和 11 路 PWM 输出。软件方面采用了 Ardupilot 开源程序，Ardupilot 开源免费，开发文档完善，兼容大多数飞控硬件和外置模块协议。

飞控与地面站软件通信采用标准的 MAVLink 协议，该协议是无人机与地面端通信的常用协议，兼容该协议的开源地面站软件主要有 MissionPlaner 和 QGroundControl 两款软件。进行无人机调试时，会以 MissionPlanner 为例来介绍，MissionPlanner 软件是以 C# 语言编写的开源软件，支持航线规划、飞行仪表显示、地图显示、参数设置等功能，MissionPlanner 的详细操作将在第 6 章进行介绍。

本次安装不使用电源检测模块，所以飞控供电由电调实现，第 2 章已经介绍有些电调支持 5V 供电，飞控可以通过电调接口获取电量。卫星定位模块使用 U-blox NEO-M8N 模块，支持北斗卫星导航系统、GPS、GLONASS，同时模块内置磁罗盘传感器。

5.4.2 飞控的安装

1. 安装飞控

在前几章中，已经给无人机安装好了电机、电调和接收机，接下来开始安装飞控，此处选用的飞控还配了减震板，如图 5.10(a)所示，可以隔离高频振动，然后再把飞控安装在减震板上，如图 5.10(b)所示。安装飞控时，要保证安装方向，飞控安装的第一个标准就是水平，不能有倾斜角度，同时飞控上的箭头也要指向机头方向。第 1 章介绍飞行原理时已经说明，无人机飞控通过自身姿态变化调整不同电机的转速，如果飞控传感器检测到无人机俯仰方向有低头现象，就会增加机头方向两个电机的转速，维持俯仰的水平，但是如果飞控安装时俯仰方向就带有角度，飞控就无法知道无人机的真实俯仰角度。同样的道理，如果飞控箭头方向与真实的机头方向有 90°偏差，那么当无人机实际进入俯仰低头的状态时，飞控读到的是横滚方向不水平，就会调整错误的电机转速，所以飞控安装时要保证正确的安装方向。不过考虑到实际安装空间和接线情况比较复杂，是允许飞控箭头方向与机头方向有 90°或者 180°偏差的，可以通过调试软件将实际偏差值输入飞控进行补偿，这部分内容将在第 6 章进行介绍。

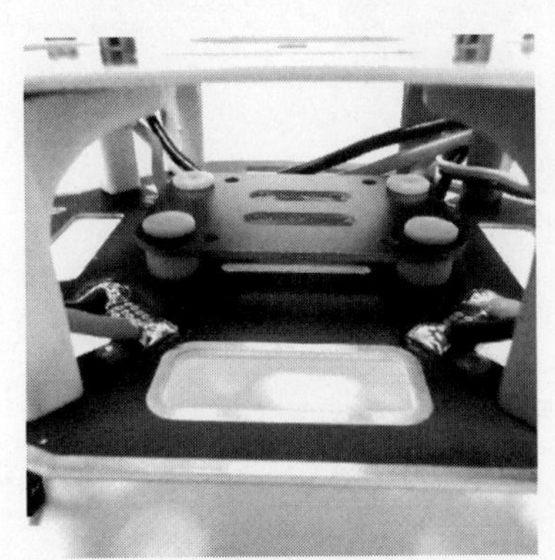

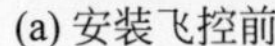

(a) 安装飞控前

(b) 安装飞控后

图 5.10　飞控安装

2. 连接接收机

固定好飞控之后就可以连接接收机了，用 4 根 3Pin 线就可以把飞控和接收机的 6 个通道连接起来，连接方式如图 5.11 所示，其中接收机的 1～3 通道连接飞控“INPUTS”的 1～3 通道，再用另一根 3Pin 线将 4～6 通道的信号线连接至飞控。接收机和飞控的每个通道的 PWM 都由信号线、地线和电源线组成，各个通道的地线和电源线在接收机内部和飞控内部都是互通的，所以原则上只要接收机有一个通道的地线和电源线与飞控连接就行，其他通道只需要连接信号线，这样可以节省线材。

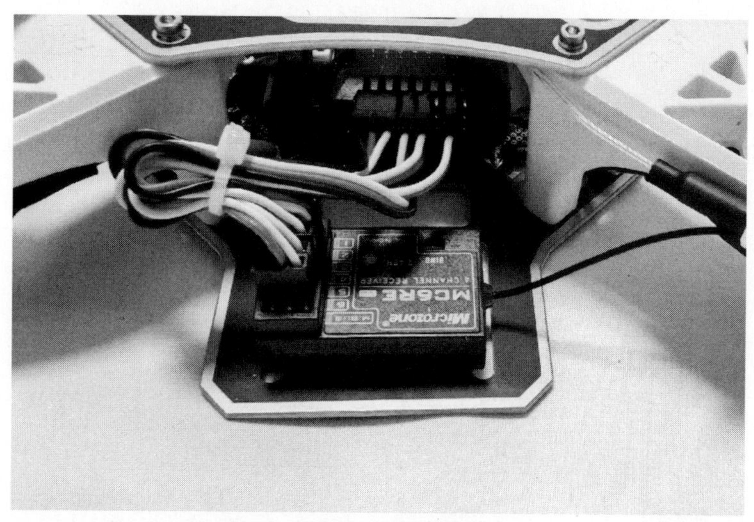

图 5.11　飞控与接收机接线

3. 连接电调

飞控连接完接收机之后就可以连接电调了，如图 5.12(a)所示，将 4 个电调的 PWM 线连接至飞控的 PWM 输出接口，飞控的 PWM 输出 1～4 接口与电调的连接顺序如图 5.12(b)所示，如果连接顺序错误，无人机就无法按预期控制角度，无法实现自稳飞行。

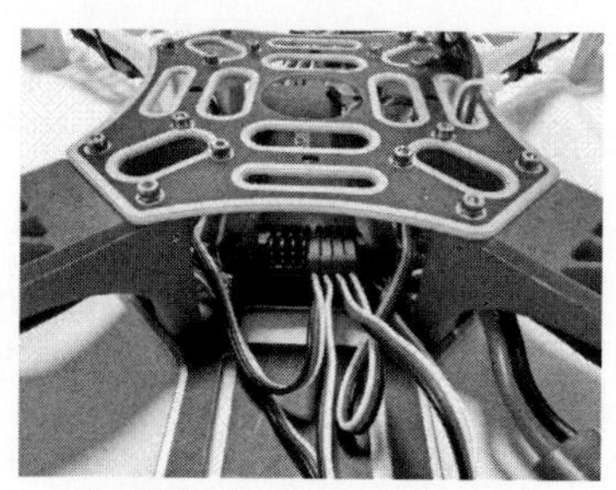

(a) 电调连接飞控PWM接口1-4

(b) 电调连接顺序

图 5.12　飞控连接电调

4. 安装 GPS 模块

安装飞控的最后一步是 GPS 的安装，需要将 GPS 串口线和磁罗盘 I^2C 线插入飞控对应接口，然后安装无人机机身上碳板。安装碳板和 4 个机臂的螺丝时，将 GPS 支架固定在一个机臂的螺丝上，再将 GPS 模块固定在支架顶端，如图 5.13 所示，GPS 模块安装时也要将箭头方向对准机头安装。

图 5.13　安装 GPS 支架和 GPS 模块

5.5　本章小结

飞控是无人机的核心部件，本章主要介绍了飞控的相关知识。在理论方面，首先介绍了 IMU、气压计、磁罗盘等飞控内部传感器和飞控的对外接口，然后讲解了卫星定位模块、气压计、空速计等飞控外接模块，最后介绍了飞控中最常用的滤波算法和 PID 算法。在操作环节，首先讲解了如何选择一款合适的飞控，最后进行飞控的安装和接线。

第6章

\>>>>>>>>>>>

无人机调试

经过前面几章的学习，我们对四旋翼无人机的整体知识已经比较熟悉了，根据前几章的内容，现在已经有一架组装好的无人机了。无人机飞行之前还有一项非常重要的工作，就是无人机的调试，没有调试好的无人机在空中飞行时稳定性非常差，甚至有些关键环节会影响飞行安全，本章将为大家介绍无人机调试的内容，并且在调试过程中对前面5章的内容进行复盘。本章的主要内容如下。

- 调试前的准备工作。
- 基础参数调试。
- 拓展参数调试。

6.1 调试前的准备工作

调试无人机前，应确保已经给四旋翼无人机装好了机架、电机、电调、接收机、电池、飞控和GPS模块，并且已经正确连接各模块之间的通信线和供电线，不过一定不要安装螺旋桨，因为调试过程中电机会转动，所以调试前必须拆掉螺旋桨。调试前要给无人机电池和遥控器充满电，调试过程中有调试磁罗盘的环节,磁罗盘容易受到周围金属的干扰,所以要在没有干扰的环境下进行调试。

接下来在计算机上安装 MissionPlanner 软件,本书第 3 章已经对 MissionPlanner 软件进行了详细的介绍。通过数据线将飞控和计算机进行连接,连接成功之后打开 MissionPlanner 软件,软件右上角的连接选项显示识别到飞控了,如图 6.1 所示。波特率设置为飞控的波特率,如果是新飞控,一般是 115 200kb/s 或 57 600kb/s,如果软件没有识别到飞控连接,需要安装驱动程序。

图 6.1 MissionPlanner 连接飞控

连接成功后,就可以在主界面仪表盘上看到无人机姿态了,此时软件左上角会看到软件版本和固件版本,如图 6.2(a)所示,其中 ArduCopter V3.2.1 代表此飞控的固件版本,这种情况下就可以开始调试了。如果显示的飞控版本为 ArduPlane V3.4.0,如图 6.2(b)所示,就需要更换固件了,因为 ArduCopter 代表多旋翼固件,ArduPlane 代表固定翼固件,此处组装的 F450 四旋翼无人机需要使用多旋翼固件。

如果飞控中预装的固件和预期的固件版本不一样,就需要手动更新固件,更新固件前需要先断开连接,然后进入初始设置界面,单击进入“安装固件 Legacy”界面,选择四旋翼无人机的图标开始安装固件。安装时软件可能会提醒“此控制板已经退出历史舞台了,MissionPlanner 将会上传最后一个支持的

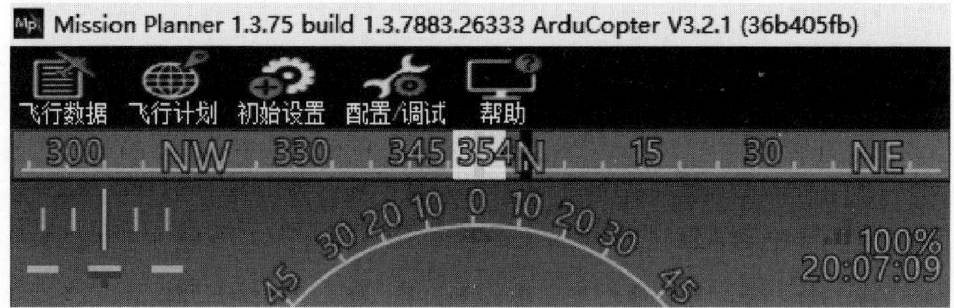

(a) 多旋翼飞控固件版本号

(b) 固定翼飞控固件版本号

图 6.2　飞控固件版本号

版本到您控制板”，这是因为使用的 APM 2.8 飞控硬件开发时间比较早，现在已经不再更新，MissionPlanner 会给飞控上传支持 APM 2.8 的最后一个固件版本。固件升级完成后，重新连接检查，版本无误后就可以开始正式调试了。MissionPlanner 固件升级界面如图 6.3 所示。

安装好新固件的飞控，或者已经使用过的飞控需要装在新无人机上开始重新调试，则需要清空一下原有的参数，配置调试界面的全部参数表界面右侧有一个“重置为默认值”按钮，如图 6.4 所示，单击这个按钮就可以重置参数了。

如果是新安装的软件，没有在配置调试界面看到全部参数表选项，则可以在配置调试界面的 Planner 选项中将布局由 Basic 改为 Advanced，如图 6.5 所示，重新打开就可以了。

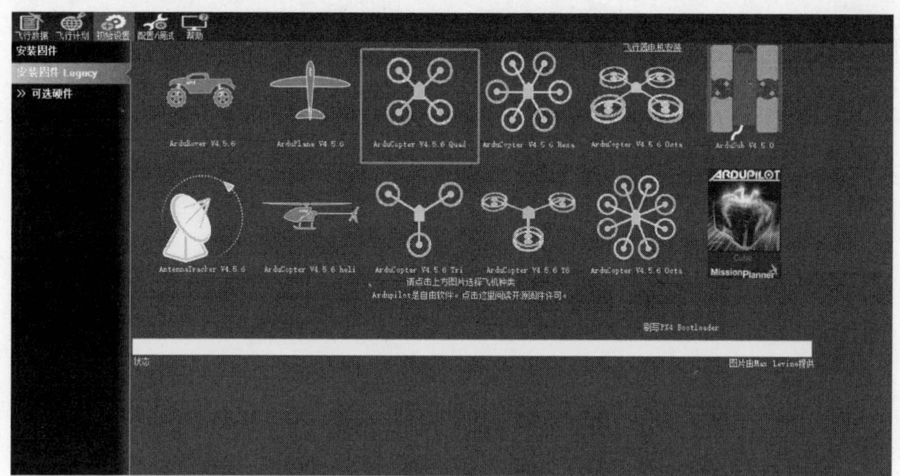

图 6.3　MissionPlanner 固件升级界面

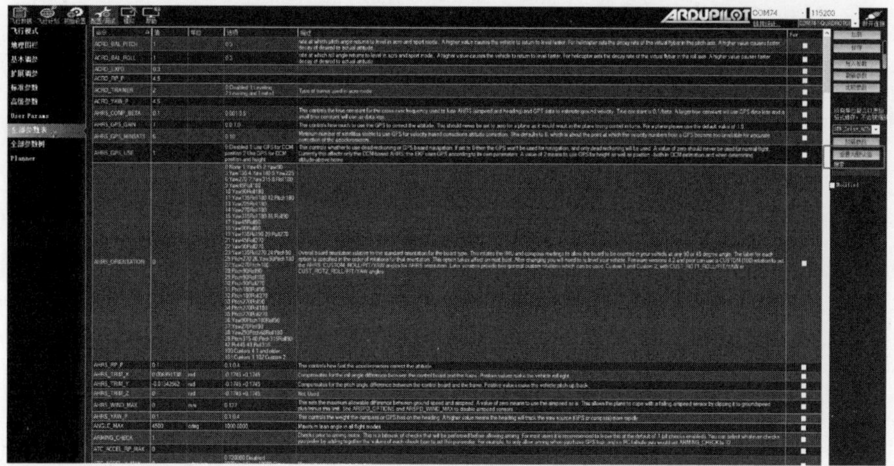

图 6.4　重置参数按钮

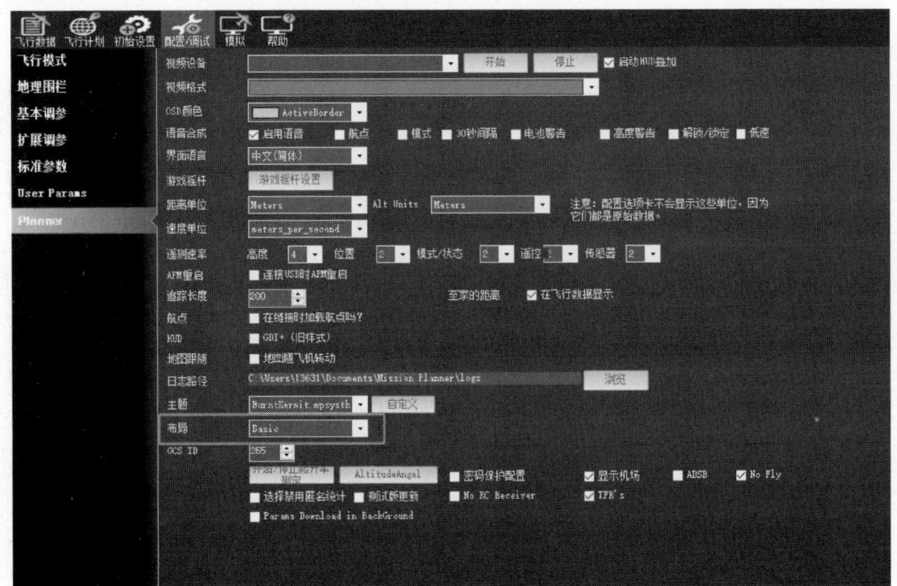

图 6.5 修改布局

6.2 基础参数调试

基础参数调试是一架无人机起飞前必须要做的工作，新组装好的无人机或者更换了新飞控的无人机都需要进行基础参数调试，即使是使用过的飞控安装在另一架无人机上或者安装位置和接线顺序调整过之后也需要进行这项工作。基础参数调试主要在初始设置界面完成，调试过程包括更新飞控固件、选择机型、校准传感器、校准遥控器等，这些基础操作设置完成后无人机就可以正常起飞了。

通过前面的学习可以知道，不同布局的多旋翼无人机的飞行原理是不一样的，飞控的控制算法也不相同，调试飞控时第一个要设置的就是无人机机架类型，如图 6.6 所示。F450 无人机选择“X，Y6A”机架类型，选择好机架类型之后，飞控会根据设置调用相应的控制算法。

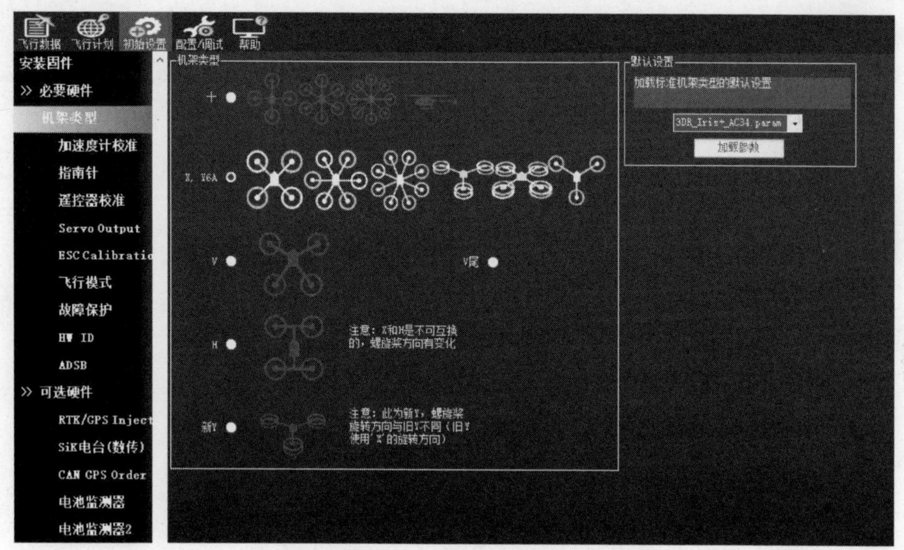

图 6.6 机架类型设置

无人机装配的过程中，并不能保证飞控内 IMU 传感器的水平面和无人机飞行时的水平面是平行的，当飞控按传感器的水平角度来飞行时，无人机螺旋桨的实际升力方向可能并不是垂直向上，这样就会对飞行稳定性产生影响。为了解决这个问题，飞控中增加了加速度计校准的功能，校准时飞控会记录安装误差，实际飞行时自稳算法会对这个误差进行补偿。图 6.7 所示为加速度计校准的界面，可以在这个界面进行加速度计校准操作和水平校准操作。

单击“校准加速度计”按钮后，软件会提醒用户将飞控摆放到 level 的角度，顶面向上，如图 6.8(a)所示，然后单击任意键；接下来摆放到 left 的角度，如图 6.8(b)所示，再次单击任意键；将飞控摆放至 right 的角度，如图 6.8(c)所示，这里需要大家仔细辨别一下，因为很多人会将 left 和 right 的位置混淆；然后是 up 的角度，也就是机头向上，如图 6.8(d)所示；再是 down 的角度，机头向下，如图 6.8(e)所示；最后是 back 的角度，也就是背面向上了，最后单击“校准完成”按钮。这个校准操作相当于对飞控传感器的 6 个面分别向上进行了校准，这对无人机的飞行稳定性非常重要。

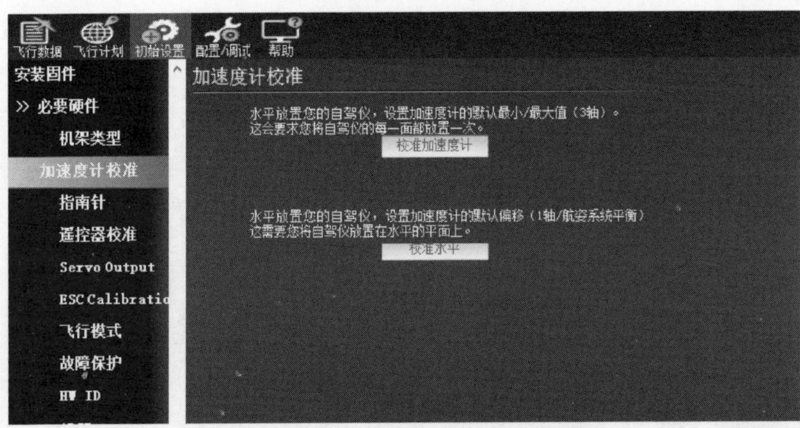

图 6.7 加速度计校准

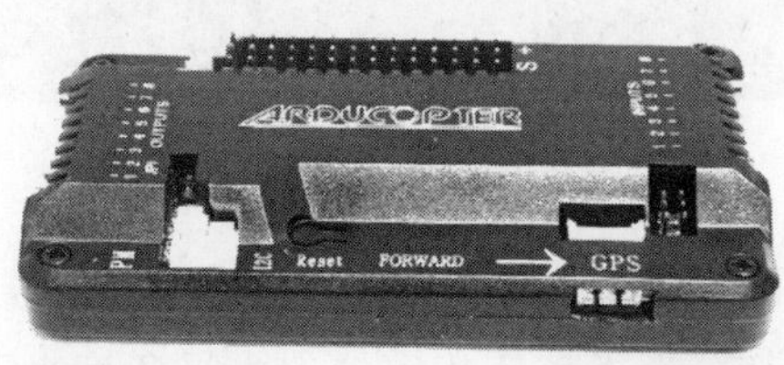

(a) level

(b) left (c) right

(d) up (e) down

图 6.8 加速度计校准时的飞控摆放

一般飞控中内置一个磁罗盘传感器，定位模块上一般也会带磁罗盘传感器，磁罗盘传感器在没有校准之前指向是不对的，指南针校准就是在校准磁罗盘传感器。在室内或者附近有金属的情况下，磁罗盘传感器会受到干扰，所以校准磁罗盘时要在空旷的区域进行。图 6.9 所示为磁罗盘校准界面，由于我们使用的定位模块上也带有磁罗盘，所以选择 APM 与外置罗盘，其他勾选项和设置按图 6.9 所示进行配置，然后单击“现场校准”按钮。

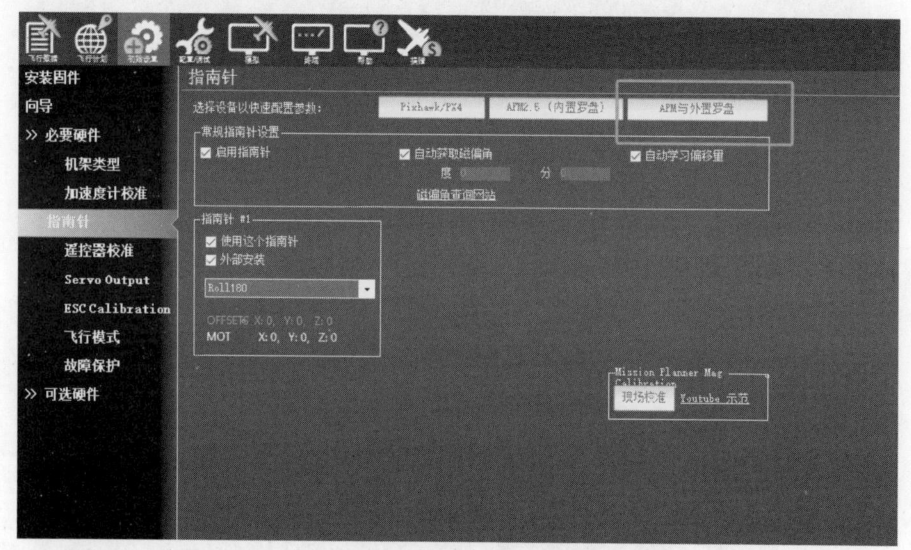

图 6.9　磁罗盘校准界面

校准过程中，地面站软件会显示图 6.10 所示的界面。校准过程中，分别将无人机的 6 个面向上，绕垂直地面的轴旋转 360°，当这 6 个面向上全部旋转完成后，磁罗盘校准基本就成功了。如果地面站软件没有给出校准成功的提示，还可以让每个机臂向上再进行旋转，如果磁罗盘校准一直不成功就需要考虑附近有没有干扰磁场的金属了，也需要检查一下定位模块的磁罗盘接线是否正确。

接下来就进入遥控器校准的过程了。如果正确连接了接收机和飞控，并且遥控器已经开机并且和接收机进行了通信，就可以看到图 6.11 所示的遥控器

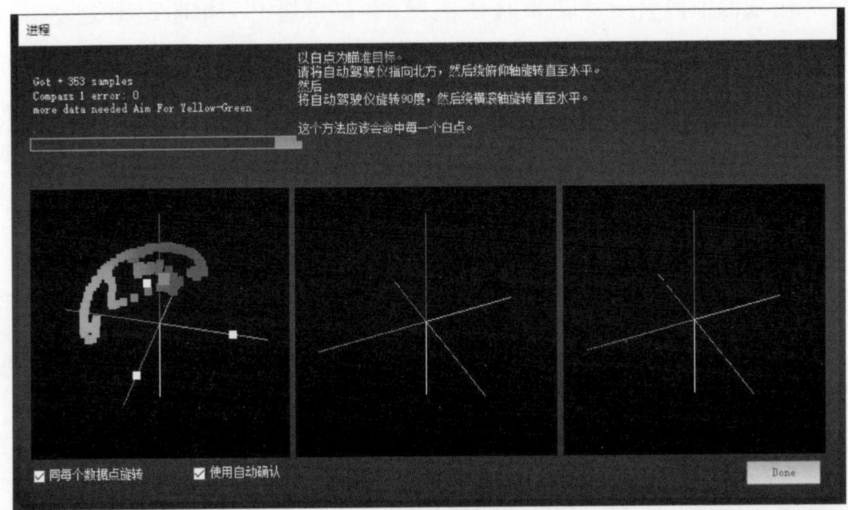

图 6.10　磁罗盘校准过程界面

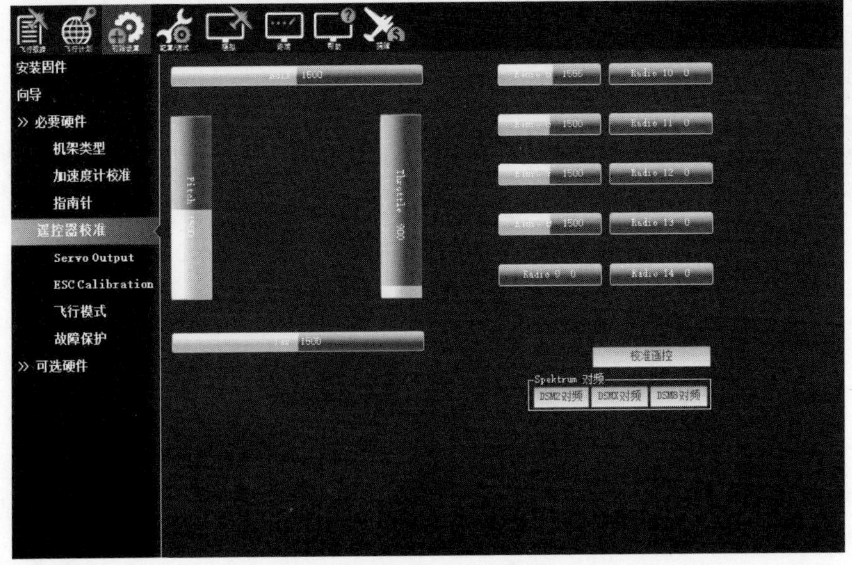

图 6.11　遥控器校准界面

校准界面了。拨动摇杆时，软件上的通道值会随之变化，图中左侧的 4 个通道值代表油门、俯仰、横滚和航向，对应的是遥控器的两个摇杆，右侧开始是 5 通道至 16 通道，对应遥控器的其他拨杆和旋钮。这里以“美国手”模式为例进行讲解，如果大家已经记不清楚具体摇杆对应的动作，可以回看第 3 章内容。如果向上推左摇杆，那么地面站软件中的 Throttle 通道值就会变大；如果向左推左摇杆，地面站软件中的 Yaw 就会变小；如果向左推右摇杆，地面站软件中的 Roll 就会变小。这里唯一不同的是 Pitch，这个通道代表无人机的俯仰运动，当向上推右摇杆时，Pitch 是减小的状态，向下推右摇杆时，Pitch 是增大的状态，这个通道的显示和摇杆的实际动作是相反的。

上面介绍的是遥控器摇杆正确的状态，如果拨动摇杆时对应的通道值没有变化，而是其他通道值发生了变化，很可能是飞控和接收机之间的 PWM 线连接错误，例如把接收机的 1 通道连接到了飞控的 3 通道上。如果地面站软件的通道值变化与预期的变化方向相反，就需要在遥控器设置中将这个通道设置为反向。图 6.12 所示是此处选用的 MC6C 遥控器设置通道反向的位置。

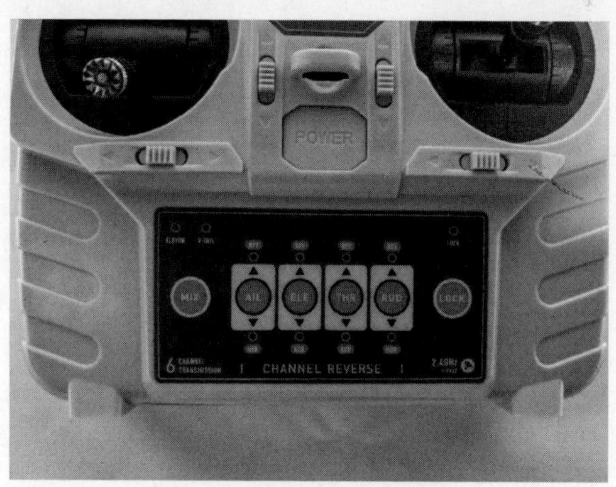

图 6.12 遥控器通道设置反向

检查遥控器摇杆和拨杆与地面站软件的对应关系，确认全部正确之后就可以校准遥控器了。单击“校准遥控”按钮，进入遥控器校准模式，然后将摇杆的每个方向都拨到最大行程和最小行程，拨杆和旋钮也拨到最大行程和最小行程，飞控就会记录遥控器每个通道实际的通道值范围和中值范围，如图 6.13 所示，单击“完成校准”按钮。

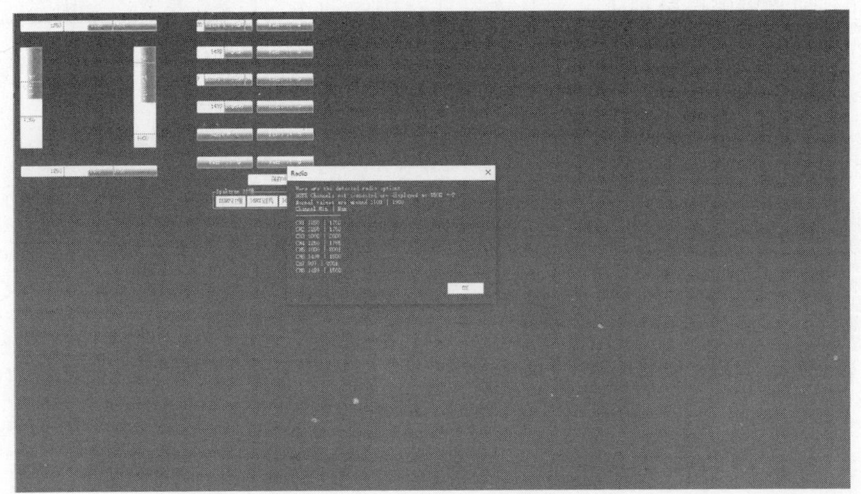

图 6.13 遥控器校准结果显示

无人机调试过程中还有一个重要的环节是飞行模式设置，第 1 章就介绍了无人机的飞行模式，图 6.14 所示是地面站软件的飞行模式设置界面。在这个界面中看到可以设置 6 种飞行模式，这是因为飞控把 5 通道的通道值分成了 6 个区间，分别是 0-1230、1231-1360、1361-1490、1491-1620、1621-1749、1750＋。但是遥控器 5 通道对应的是一个 3 段开关的拨杆，拨动拨杆时只能对应到“飞行模式 1”“飞行模式 4”和“飞行模式 6”3 个位置，所以只需要设置这 3 个位置的飞行模式，大家可以按图 6.14 所示分别设置为 Stabilize、AltHold 和 Loiter 模式，那么这些模式具体代表什么意思呢？下面将详细介绍 APM 飞控中常用的几种飞行模式。

1. Stabilize

自稳模式是无人机最基本的飞行模式，在这个模式下只使用 IMU 传感器，

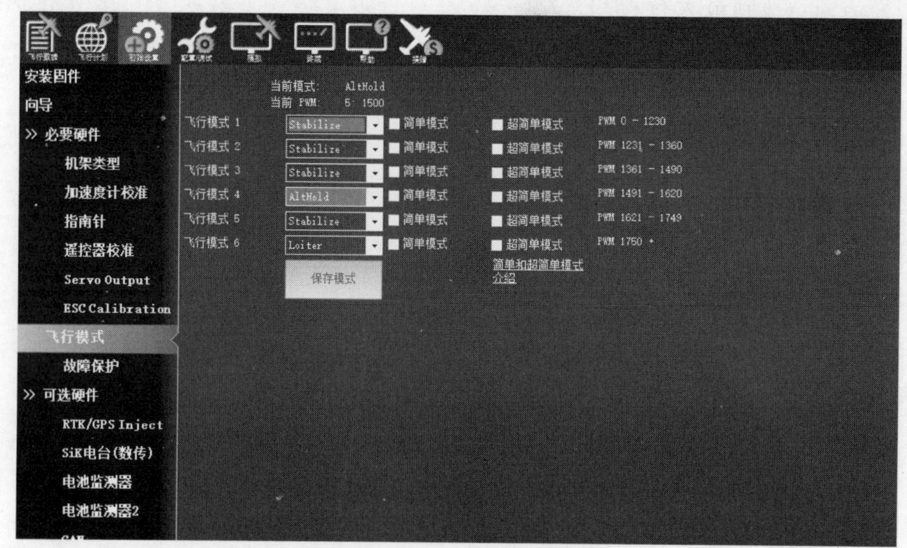

图 6.14　飞行模式设置界面

飞控可以保持水平和航向，此时无人机是不能维持在原地悬停的，需要不断地通过遥控器控制才能稳定在原地。

2. AltHold

定高模式下，除了基本水平稳定和航向稳定，飞控还会根据气压计维持高度的稳定，但是在前后左右方向还是会受风的影响，需要飞手通过遥控器来调整位置。

3. Loiter

悬停模式下，飞控也参考了定位模块的数据，无人机在这个模式下可以完全悬停在空中几乎不动，这也是最简单的一种无人机飞行模式，适合新手使用。

4. Auto

自动模式执行的前提是通过地面站软件给飞控设置任务，例如设置一条飞行航线，当无人机切换到自动模式后就会飞到航线的第一个航点开始沿航线飞行。

5. RTL

返航模式可以保证无人机直接返回起飞点，这个模式对飞手来说非常实用，执行完飞行任务之后不再需要飞手手动操控无人机返回，直接切换返航模式即可。执行返航动作时无人机有保持原高度返航和升高到设定高度再返航两种方式，这样可以避免自动返航时撞到障碍物，不过返航模式是需要定位模块参与的，没有定位模块的情况下是无法正常返航的。

6. Guided

引导模式需要和地面站软件配合使用，切换到此模式后，可以直接在地面站软件的地图上选择目标位置，无人机就会根据引导自动飞行到目标点。

7. Land

无人机切换到降落模式后就会自动降落，不需要飞手手动操作，降落的速度可以在参数列表中提前设置好。

飞行模式设置完成后，可以在地面站软件的主界面看到当前的模式，如图 6.15 所示，右下角显示无人机当前为 AltHold 模式。在遥控器的 5 通道上拨杆时，地面站软件会显示对应的飞行模式。

无人机在飞行过程中会遇到很多突发状况，例如遥控器与接收机通信断开、电池电量过低、定位模块受到干扰等，这些都会造成炸机的风险，飞控设计中增加了一些故障保护的措施，可以有效地避免这些危险情况发生。图 6.16 所示是故障保护界面，软件界面的右侧是可以设置的故障保护项，分别为低电量保护、电台保护和地面站保护，低电量保护是指当飞控监测到电池电压低于设定的值之后，无人机就会执行降落动作或返航动作，飞手可以在地面站软件选择触发故障保护之后要执行的动作；电台保护是指接收机与遥控器断开连接

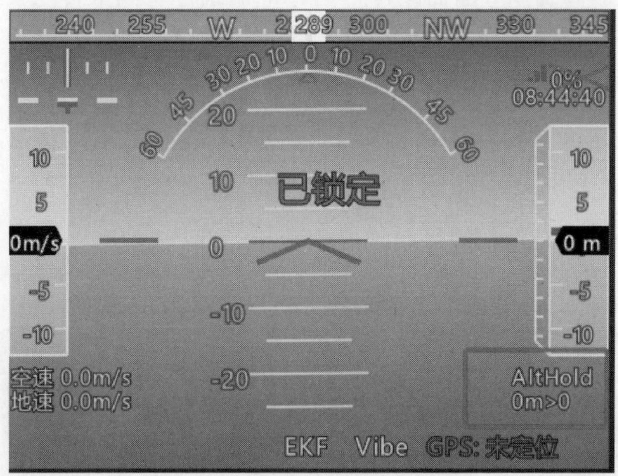

图 6.15　飞行模式显示

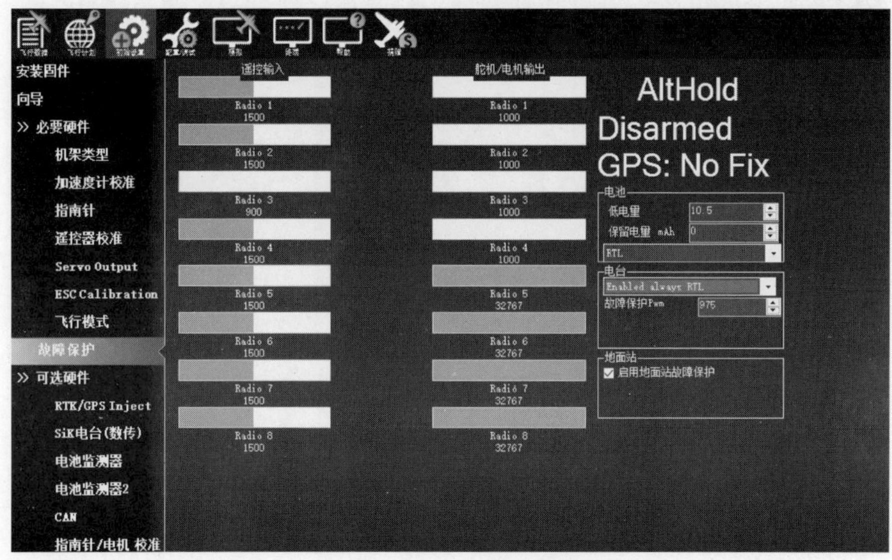

图 6.16　故障保护设置界面

之后就会触发故障保护；地面站保护是指地面站连接的数传与飞控断开连接之后就会触发故障保护。

通过前面的内容我们已经知道了飞控可以通过电池电压触发故障保护，同时地面站软件还可以实时显示电池的当前电压和电流，不过这都有一个前提条件，就是无人机上安装了电池监测器并将监测到的数据实时传输给了飞控。图 6.17 所示是电池监测器界面，可以选择监测器的型号，然后将当前电池的真实电压值输入“测量电池电压”中，飞控就可以读到电池的真实电压了。

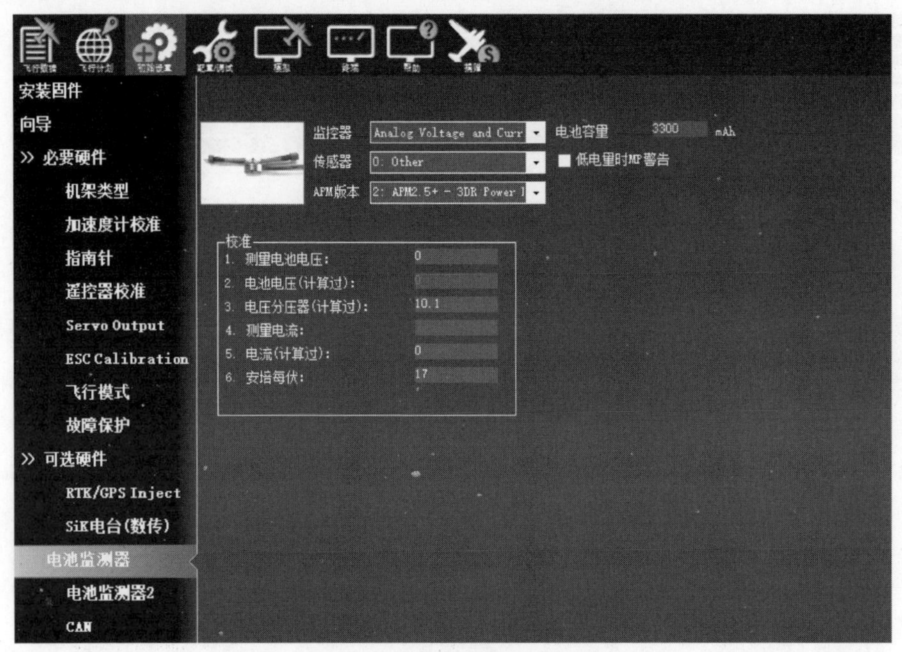

图 6.17　电池监测器界面

如果无人机上没有配电池监测器，也可以安装一个低电压报警器，也叫 BB 响，如图 6.18 所示。低电压报警器连接电池的平衡充电线，可以显示每个电芯的电压，也可以设置报警电压，当监测到电池电压低于报警电压时就会发出报警声提醒飞手返航。

图 6.18　低电压报警器

四旋翼无人机通过控制 4 个电机的转速来实现飞行姿态的控制，如果电机出现位置错误或者转向错误，则肯定会出现飞行问题，所以在调试过程中必须严格测试每个电机的安装位置和转向。图 6.19 所示为地面站软件的电机测试界面。

在电机测试界面，可以通过单击"Test motor A""Test motor B""Test motor C""Test motor D"4 个按钮来启动不同的电机。前一章中已经介绍了电调与飞控的接线顺序，如图 6.20(a)所示，但是电机测试的顺序并不是这样的，而是如图 6.20(b)所示的顺序，依次单击 4 个按钮，电机会按图中位置依次转动，在这个过程中要检查电机依次转动的顺序是否正确，电机的转向是否正确。如果电机的转动顺序不正确，就需要检查电调和飞控的接线情况；如果电机的转向不正确，就需要将电机与电调的 3 根接线中的任意两根调换位置。

以上内容是无人机调试过程中最常使用的功能，也是组装 F450 无人机需要用到的功能，其实 MissionPlanner 地面站软件可以调试的功能还有很多，例如声呐、空速计、降落伞等其他外置设备，都可以通过这个软件来调试测试，本章不再详细介绍。

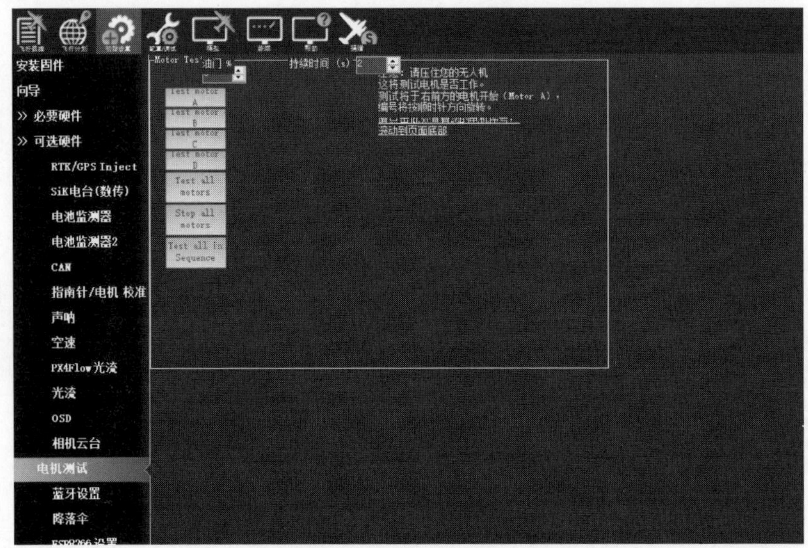

图 6.19 电机测试界面

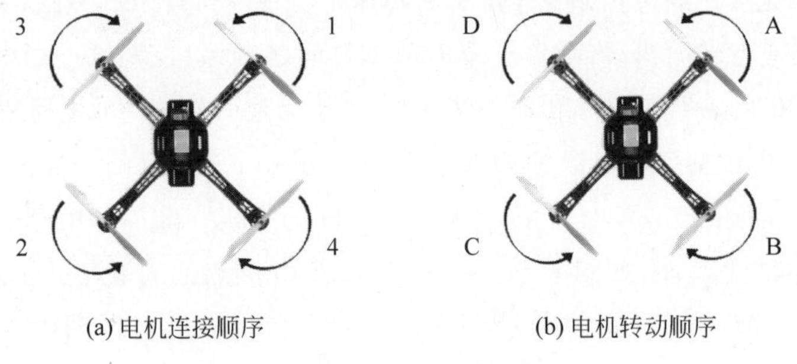

(a) 电机连接顺序　　(b) 电机转动顺序

图 6.20 电机连接顺序和转动顺序

6.3 PID 参数调试

无人机调试过程中有一个非常重要的步骤，就是 PID 参数的调试，如果说前面提到的调试工作可以解决无人机能不能飞的问题，那么 PID 参数的调试就可以解决无人机飞得稳不稳的问题。关于 PID 算法的工作原理已经在上一章进行了详细的介绍，在配置调试界面单击“扩展调参”就可以调试 PID 了，如图 6.21 所示，大家第一次看到这些数据可能会觉得眼花缭乱，接下来逐一介绍这些参数。中间部分的参数为“Roll 速率”“Pitch 速率”和“Yaw 速率”，其值代表了无人机 3 个轴角速度的 PID，当无人机没有接收到控制指令水平飞行在空中时，调整这一部分的 PID 参数就会影响飞行的稳定性。“自稳 Roll”“自稳 Pitch”和“自稳 Yaw”是遥控器感度，也就是飞手拨杆时遥控器的响应速度，其中 4.5 就代表 45°/s。右侧的“悬停 PID”和“悬停速率”表示无人机在 Loiter 模式下悬停时的稳定性，这种情况下有定位模块参与，当飞控检测到位置偏移，会调整飞行姿态回到原来的位置，悬停相关的参数就决定了无人机偏移之后飞回原位的速率。“油门加速度”“油门速率”和“高度保持”是与无人机维持高度相关的参数，这些参数决定了无人机在悬停过程中是否能稳定地维持高度，也决定了无人机的高度对油门的响应速率。

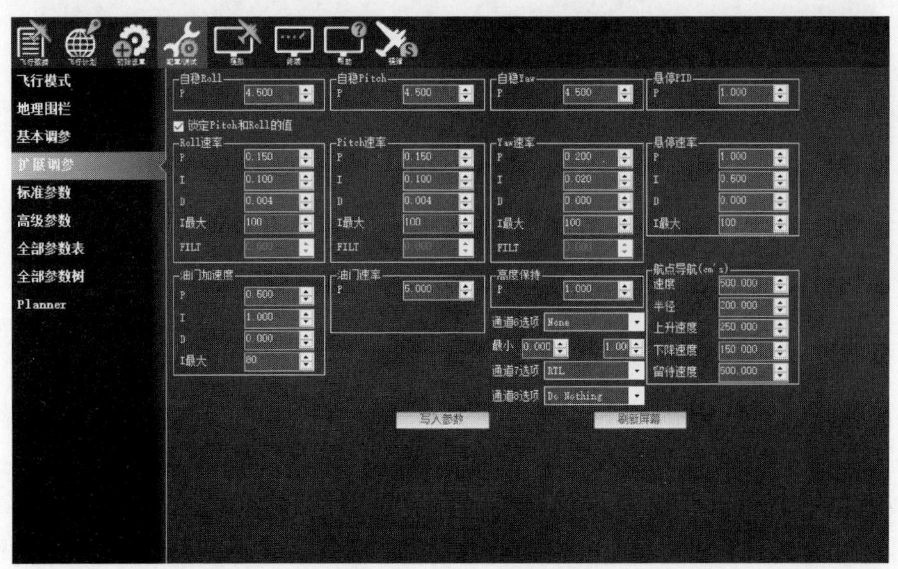

图 6.21 PID 调试界面

本书中组装的 F450 无人机使用默认 PID 参数就可以稳定飞行了，所以不需要在这个界面修改 PID 参数。不过如果更换了新机型，无人机的重量和尺寸都有很大的不同，这种情况下就需要调整 PID 参数了，开源飞控为这个需求开发了一个非常实用的功能，就是自动调参，如图 6.22 所示。可以将通道 7 选项设置为 AutoTune，当无人机飞行时，拨动 7 通道的摇杆，无人机进入 AutoTune 模式，就开始自动调整 PID 参数了。在调整过程中，无人机会以不同的角度飞行，通过姿态参数确定最合适的 PID 值。

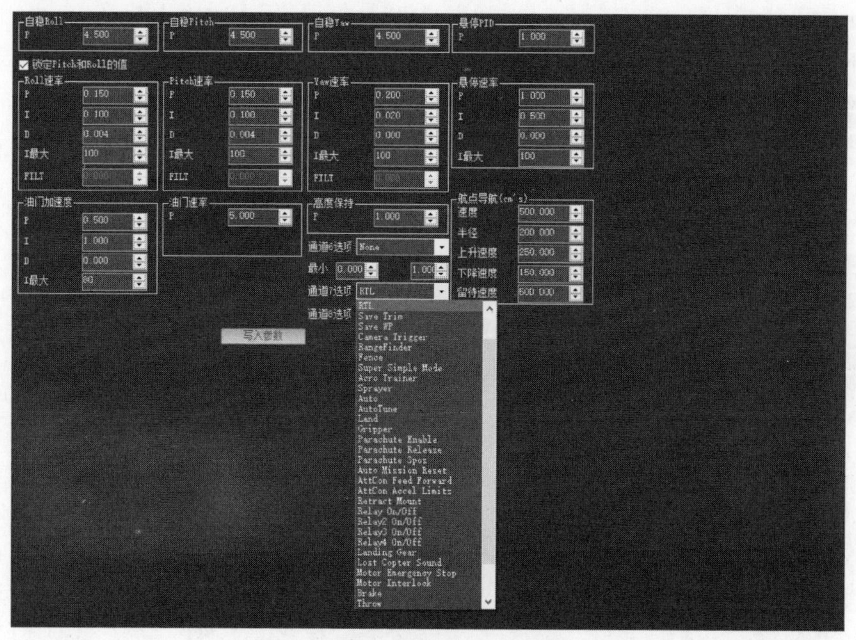

图 6.22 通道 7 选项

由于 F450 无人机不需要调整 PID 参数，所以把通道 7 选项设置为 RTL，执行完飞行任务后，可以通过 7 通道拨杆触发无人机自动返航模式。

AutoTune 模式下调整 PID 参数耗时比较长，调整过程中无人机飞行的距离也会比较远，有些无人机由于航时或空域的原因，没有办法自动调节 PID 参数，需要手动调节。使用开源飞控时常用的调节方法一般是先调小 I 值和 D

值，不断地增大 P 值；当无人机出现低频抖动时开始增加 D 值，抖动会慢慢消失，不过随着 D 值的增大，无人机会出现高频抖动；当 P 值和 D 值都调整到相对合适的参数后，再慢慢调大 I 值。不过每个人对调节 PID 参数都有自己的理解，也都有各自熟悉的调节方式，这就需要通过大量的飞行调试实践来积累经验，找到适合自己的调试方法。

6.4 拓展参数调试

完成上面的设置和调试后，无人机就可以正常飞行了，但是如果想更深刻地了解飞控，或者利用这架无人机完成更多的项目和测试，就需要对整个飞控参数有更深入的了解，即了解配置调试界面里的全部参数表选项，如图 6.23 所示。全部参数表包含无人机飞控中的所有参数，这些参数既可以影响无人机的飞行稳定性，也可以设置不同外接模块的配置和协议，本节将从中选择一些常用的参数进行介绍。需要说明的是，考虑到大家可能会使用各种型号的开源飞控，所以本节选择的是较新型号飞控中的参数，可能有一些参数 APM2.8 飞控不支持。

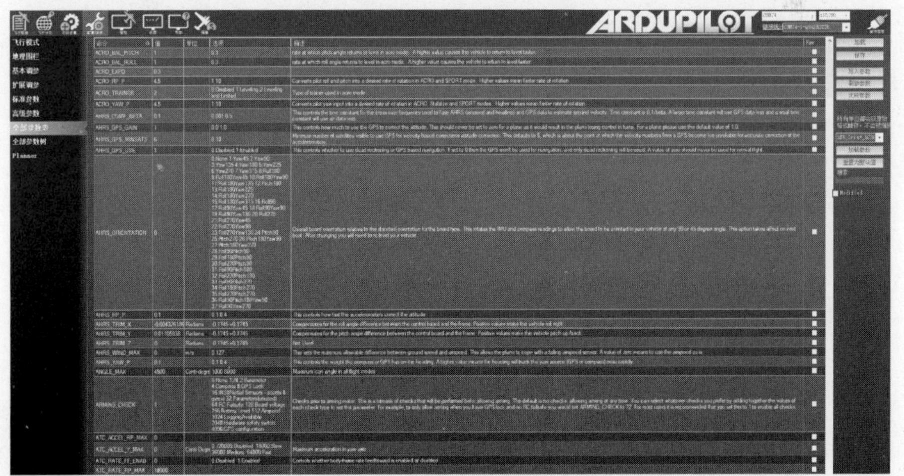

图 6.23 全部参数表界面

1. AHRS_ORIENTATION

这个参数可以设置飞控与机架的朝向偏差。安装飞控时，考虑到安装空间或接线等因素，飞控的机头指向和无人机机身的机头指向可能不是一个方向，相差了45°或者180°，这种情况下就可以通过这个参数告诉飞控实际的偏差情况。飞控会将传感器数据进行旋转变化，参数可以设置为“None”“Yaw45”“Roll180”“Pitch180Yaw270”“Roll90Ywa270”“Roll90Pitch180Yaw90”等。

2. ARMING_CHECK

解锁无人机时会对这个参数进行检查，如果参数值是0，则表示不做任何检查就可以解锁；如果参数值是1，则表示全部检查项都正常才可以解锁。也可以单独设置检查某一项参数，比如2代表检查气压计，4代表检查磁罗盘，8代表检查GPS。如果需要检查两个选项，就把两个选项的值相加，例如需要检查气压计和GPS，那这个参数值就是10。

3. FLTMODE_CH

调试无人机时设置了无人机的飞行模式，然后拨动通道5的拨杆就可以切换模式了，如果通道5有其他设置怎么办呢？这个参数就是用来设置飞行模式切换的通道的，如果将此参数值设置为6，那么通道6就可以切换飞行模式了。

4. LAND_ALT_LOW

无人机的自动降落分两个阶段，第一阶段下降速度比较快，当下降的高度低于此参数的值后进入第二阶段，下降速度减慢。

5. LAND_SPEED/LAND_SPEED_HIGH

LAND_SPEED_HIGH 表示自动降落时第一阶段的速度，LAND_SPEED 表示第二阶段的速度。

6. LOIT_SPEED

Loiter 模式下水平飞行的最大速度。

7. RC7_OPTION

每个通道都有这个参数，表示此通道的功能，包括设置某个飞行模式、解锁无人机、校准磁罗盘、录像、控制云台、开关激光测距等一系列功能，将参数值设置为相应功能的编号后，这个通道的拨杆就可以触发相应的功能了。

8. RTL_ALT

这个参数表示无人机返航时的高度，如果将这个参数值设为 0，无人机就会以当前高度返航。

9. RTL_SPEED

这个参数表示无人机返航时的速度，如果将这个参数值设为 0，无人机就会以 WPNAV_SPEED 参数值的速度返航。

10. SERIAL1_BAUD/SERIAL1_PROTOCOL

这两个参数可以用来配置飞控串口，如果需要用飞控的串口 1 连接数传，可以将 SERIAL1_PROTOCOL 设置为 MAVLink1，然后根据数传天空端的波特率设置飞控串口 1 的波特率，通过 SERIAL1_BAUD 参数来设置波特率；如果串口 1 用来接 GPS、云台或者雷达等设备，在 SERIAL1_PROTOCOL 中可以找到对应的设备参数。

11. WPNAV_RADIUS

当无人机执行自动航线任务时，到达一个航点之后才会向下一个航点飞行，飞控判断是否到达一个航点时并不需要无人机坐标与航点坐标完全重合，当无人机飞到以航点为中心的一个范围内就算到达这个航点，可以飞往下一个航点了，这个参数值就表示以航点为中心的范围。

12. WPNAV_SPEED/WPNAV_SPEED_DN/WPNAV_SPEED_UP

这 3 个参数表示无人机在执行自动航线任务时的水平速度、上升速度和下降速度，单位是 cm/s。

6.5 本章小结

本章详细介绍了无人机调试的具体内容，包括地面站软件介绍、机架类型设置、加速度计校准、磁罗盘校准、遥控器校准、飞行模式设置、电机测试、PID 调试等步骤，最后还介绍了一些常用的无人机参数，各位读者参考本章内容就可以完成一架四旋翼无人机的参数调试工作。

第7章

>>>>>>>>>>>>

起飞

经过前面 6 章的学习和操作,大家手里应该已经有一架组装好的四旋翼无人机,并且已经完成了参数调试工作。通过前面的学习,读者对与无人机相关的基础知识也有了一个初步的认识,本章内容将为大家介绍无人机起飞前的相关检查工作和起飞后的飞行操作知识,帮助大家完成入门无人机的最后一步。本章的主要内容如下。

■ 无人机安全飞行规定。

■ 无人机起飞前的检查工作。

■ 无人机基本的飞行操作。

7.1 安全飞行规定

近几年,随着无人机技术的快速发展,无人机公司如雨后春笋般出现,无人机也开始应用在各行各业。与此同时,也出现了一些无人机危害公共安全、侵犯隐私等问题。为了更规范地应用无人机,2023 年 5 月 31 日,相关部门发布了《无人驾驶航空器飞行管理暂行条例》(以下简称《条例》),并且于 2024 年 1 月 1 日开始施行。《条例》对无人机的相关生产、飞行、注册登记等措施进行了详细介绍，无论是无人机爱好者还是从业者，都有义务认真学习。《条例》共有 6 章 63 条，为了帮助大家更深入地理解《条例》，本节将分类为大家解读。

7.1.1 无人机的类别

无人机种类繁多，尺寸、机型、重量、速度等指标有很大差异，对于不同类型的无人机，《条例》没有采用一刀切的处理方式，而是将无人机分成了微型、轻型、小型、中型、大型等，接下来先介绍这几个无人机类别。

1. 微型无人驾驶航空器

空机重量小于 0.25kg，最大飞行真高（是指飞行器距离某基准水平面，多指地面的垂直高度）不超过 50m，最大平飞速度不超过 40km/h，无线电发射设备符合微功率短距离技术要求，全程可以随时人工介入操控。

2. 轻型无人驾驶航空器

空机重量不超过 4kg 且最大起飞重量不超过 7kg，最大平飞速度不超过 100km/h，具备符合空域管理要求的空域保持能力和可靠被监视能力，全程可以随时人工介入操控，但不包括微型无人驾驶航空器。

3. 小型无人驾驶航空器

空机重量不超过 15kg 且最大起飞重量不超过 25kg，具备符合空域管理要求的空域保持能力和可靠被监视能力，全程可以随时人工介入操控，但不包括微型、轻型无人驾驶航空器。

4. 中型无人驾驶航空器

最大起飞重量不超过 150kg，但不包括微型、轻型、小型无人驾驶航空器。

5. 大型无人驾驶航空器

最大起飞重量超过150kg的无人机。

6. 农用无人驾驶航空器

最大飞行真高不超过30m，最大平飞速度不超过50km/h，最大飞行半径不超过2000m，具备空域保持能力和可靠被监视能力，专门用于植保、播种、投饵等农林牧渔作业，全程可以随时人工介入操控的无人驾驶航空器。

7. 模型航空器

模型航空器即航模，有尺寸和重量限制，不能载人，不具有高度保持和位置保持飞行功能。

以上是《条例》中提到的所有航空器种类，可以把自己的无人机进行归类，然后查看自己的无人机类型对应的飞行规定，本书组装、调试的F450无人机属于轻型无人驾驶航空器。《条例》不仅对无人机有明确分类，还划分了管制空域和适飞空域。

7.1.2 管制空域

真高120m以上空域，空中禁区、空中限制区及周边空域，军用航空超低空飞行空域，以及下列区域上方的空域应当划设为管制空域：

(1) 机场以及周边一定范围的区域；

(2) 国界线、实际控制线、边境线向我方一侧一定范围的区域；

(3) 军事禁区、军事管理区、监管场所等涉密单位以及周边一定范围的区域；

(4) 重要军工设施保护区域、核设施控制区域、易燃易爆等危险品的生产和仓储区域，以及可燃重要物资的大型仓储区域；

(5) 发电厂、变电站、加油(气)站、供水厂、公共交通枢纽、航电枢纽、重大水利设施、港口、高速公路、铁路电气化线路等公共基础设施以及周边一定范围的区域和饮用水水源保护区；

(6) 射电天文台、卫星测控(导航)站、航空无线电导航台、雷达站等需要电磁环境特殊保护的设施以及周边一定范围的区域；

(7) 重要革命纪念地、重要不可移动文物以及周边一定范围的区域；

(8) 国家空中交通管理领导机构规定的其他区域。

7.1.3 适飞空域

管制空域范围以外的空域为适飞空域。

在适飞空域内，微型、轻型、小型和农用无人驾驶航空器可以飞行，这几种无人机在管制空域内飞行需要向空中交通管理机构提出飞行申请，中型和大型无人驾驶航空器无论是在适飞空域还是在管制空域内飞行都需要进行申请。

各类型无人机的空域申请情况如表 7.1 所示。

表 7.1 各类型无人机空域申请情况

飞行器类型	适飞空域	管制空域
微型无人驾驶航空器	不需要申请	需要申请
轻型无人驾驶航空器	不需要申请	需要申请
小型无人驾驶航空器	不需要申请	需要申请
中型无人驾驶航空器	需要申请	需要申请
大型无人驾驶航空器	需要申请	需要申请
农用无人驾驶航空器	不需要申请	需要申请

7.1.4 驾驶执照

操作无人机就像开车一样，开车时大家只能在规定的路上行驶，不能进入限行区域驾驶，无人机也只能在适飞空域飞行。开车之前我们还需要做一件事情，就是考取机动车驾驶证，经过一系列学习和考核才可以正常驾驶机动车在路上行驶，无人机行业也有民用无人驾驶航空器操作员执照，有些类型的无人机需要飞手有执照才可以飞行，具体规定参考表7.2。

表7.2　各类型无人机对无人机驾驶执照的要求

飞行器类型	是否需要驾驶执照	备　　注
微型无人驾驶航空器	不需要	
轻型无人驾驶航空器	不需要	在管制空域内飞行的人员，应当具有完全民事行为能力，并按照国务院民用航空主管部门的规定经培训合格
小型无人驾驶航空器	需要	
中型无人驾驶航空器	需要	
大型无人驾驶航空器	需要	
农用无人驾驶航空器	不需要	由农用无人驾驶航空器系统生产者按照国务院民用航空、农业农村主管部门规定的内容进行培训和考核，合格后取得操作证书

对于需要无人机驾驶执照的飞行场景和机型，必须严格按照规定来操作，绝对不能无证飞行，大家可以找培训机构进行学习，然后向有关部门申请获取相应的飞行执照，获取无人驾驶航空器操控员执照需要具备以下条件：

(1) 具备完全民事行为能力；

(2) 接受安全操控培训，并经民用航空管理部门考核合格；

(3) 无可能影响民用无人驾驶航空器操控行为的疾病病史，无吸毒行为记录；

(4) 近5年内无因危害国家安全、公共安全或者侵犯公民人身权利、扰乱公共秩序的故意犯罪受到刑事处罚的记录。

7.1.5　其他规定

除了上面提到的空域限制和无人机飞行执照限制，飞行前还需要对无人机进行实名登记和投保责任险，表7.3所示为各类型无人机的登记和投保要求。

表 7.3 各类型无人机的登记和投保要求

飞行器类型	实名登记	投保责任保险
微型无人驾驶航空器	需要	从事经营性飞行活动需要投保责任保险
轻型无人驾驶航空器	需要	从事经营性飞行活动需要投保责任保险
小型无人驾驶航空器	需要	需要
中型无人驾驶航空器	需要	需要
大型无人驾驶航空器	需要	需要
农用无人驾驶航空器	需要	需要

《条例》不但对无人机操作人员的操作规范进行了介绍，还对无人机生产厂家和无人机运营厂家进行了规定，无人机厂家从事中型、大型民用无人驾驶航空器系统的设计、生产、进口、飞行和维修活动，应当依法向国务院民用航空主管部门申请取得适航许可，另外厂家还应当按照国务院工业和信息化主管部门的规定为其生产的无人驾驶航空器设置唯一产品识别码。

使用除微型以外的民用无人驾驶航空器从事飞行活动的单位应当具备下列条件，并向国务院民用航空主管部门或者地区民用航空管理机构（以下统称民用航空管理部门）申请取得民用无人驾驶航空器运营合格证（以下简称运营合格证）：

（1）有实施安全运营所需的管理机构、管理人员和符合本条例规定的操控人员；

（2）有符合安全运营要求的无人驾驶航空器及有关设施、设备；

（3）有实施安全运营所需的管理制度和操作规程，保证持续具备按照制度和规程实施安全运营的能力；

（4）从事经营性活动的单位，还应当为营利法人。

通过对《条例》的解读，我们了解了微型、轻型、小型、中型、大型和农用无人驾驶航空器飞行的相关规定，如果把这几类无人机比作轿车、越野车、卡车、巴士、货车、拖拉机，那么模型航空器就像卡丁车，卡丁车只能在专用场地内使用，不允许在公路上行驶，《条例》规定模型航空器只能在空中交通管理机构为航空飞行营地划定的空域内飞行。

以上就是对《条例》的总结，本书仅介绍了《条例》中与无人机的日常使用相关性较强的内容，建议各位读者学习《条例》的原文，学习安全飞行知识是入门无人机最重要的过程。

7.2　起飞前检查

虽然在调试无人机时已经对飞控和其他模块进行了测试，但是在每次起飞之前仍然需要进行起飞前检查，保证无人机在起飞前一时刻各项功能都是正常的，本节内容将介绍起飞前要做的检查工作。

7.2.1　飞行环境检查

F450无人机属于轻型无人驾驶航空器，可以在适飞空域的120m高度以下飞行，而且不需要民用无人驾驶航空器操作员执照，但是大家仍然需要提高警惕，能找到有空域的专业飞行场地来飞行无人机的话，那就是最优选择了。如果没有相应的条件，选择场地时首先需要避开机场、铁路沿线、公路线、军事禁区、发电站、加油站等重要设施，这是最需要注意的，因为如果发生意外会造成无法估量的后果；其次要避开人多的地方，尽量去没人的区域，避免无人机失控砸到人或车，不要影响其他人的安全。飞行场地还需要避开高压线和移动信号塔，附近如果有人放风筝也是非常危险的。另外，还需要选择相对开阔、平坦的场地，这样不仅不会遮挡飞手视野，如果无人机发生意外炸机也方便寻找。

在合适的飞行场地飞行还需要注意天气情况，最好在晴朗无风的天气下飞行，不要在黄昏等光线较暗的情况下飞行，最后还有容易忽略的一点就是要观察预计飞行的方向和太阳的方向，无人机飞行时飞手非常容易受到太阳光线的干扰。

7.2.2 机身外观检查

飞行前需要对机身外观进行检查，包括机身上的螺丝是否松动，扎带是否绑紧，电池是否固定好，GPS支架是否牢固，特别要注意螺旋桨旋转时是否有可能与机身或其他线材发生干涉，如果螺旋桨旋转时绞断信号线或电源线则很容易发生炸机事故。

7.2.3 姿态检查

MissionPlanner地面站软件主界面的飞行仪表盘可以实时显示无人机的姿态，也可以帮助飞手完成飞行前的姿态检查，手动拿起无人机做俯仰动作和横滚动作时，仪表盘会有相应的显示，如图7.1所示。首先保证姿态正常才可以继续后面的检查和飞行，如果飞控姿态和实际姿态有区别，是绝对不可以起飞的。

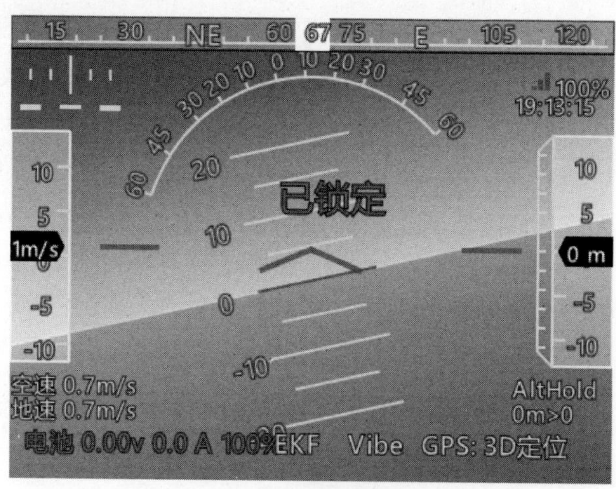

图7.1 姿态检查

7.2.4 GPS 和航向检查

如果只用 Stabilize 或 AltHold 模式飞行，可以不用做飞行前的 GPS 和航向检查，但是如果想用 Loiter 模式飞行，就要保证 GPS 和磁罗盘没有问题，无人机定位之后会在地图界面显示无人机的位置，同时无人机图标还会指出机头方向，如图 7.2 所示。另外，地面站软件主界面的数据界面也可以显示卫星数，卫星数太少则无法在 Loiter 模式下解锁起飞。

图 7.2 GPS 和航向检查

7.2.5 电池电量检查

无人机起飞前要检查电池的电量，保证足够的飞行时长，可以通过测电器检查各个电芯的电量，确认电池是否正常。

7.2.6 遥控器检查

关于遥控器的检查已经在第 6 章进行了详细的介绍，无人机起飞前需要再次检查遥控器的通道和正反向，避免遥控器的设置改变而造成的通道变化。

7.2.7 飞行模式检查

飞行前需要确认通道 5 拨杆的位置与飞行模式的对应关系，飞行模式可以在地面站软件查看，避免飞行中出现模式错误的情况。

7.2.8 电机与螺旋桨检查

组装且调试好的无人机首次飞行时，需要在起飞前再次检查电机和螺旋桨，检查电机时需要拆掉螺旋桨，电机的具体检查方法已经在第 6 章进行了详细介绍，如果电机的顺序错误或者转向错误是绝对不能起飞的，然后根据电机的转向检查每个电机上的螺旋桨升力方向是否正确。

7.3 起飞与降落

找到适合飞行的场地，做完飞行前的检查工作，就可以操作无人机进行起飞测试了。第 1 章中提到了可以通过模拟器练习飞行技术，经过一段时间的模拟器练习，大家就可以实际操控无人机了，或者可以找熟练的无人机飞手帮忙完成首飞。

7.3.1 起飞操作流程

如果对多旋翼无人机飞行的熟练程度不够，则建议使用 Loiter 模式飞行，先将无人机切换到 Loiter 模式，然后解锁，遥控器解锁的动作是将左摇杆向右下打杆，右摇杆向左下打杆，如图 7.3 所示。解锁动作保持 3 秒钟后，无人机螺旋桨开始低速旋转，此时将两个摇杆回到中位，缓慢地向上推油门。注意，推油门时应确保摇杆的其他通道处于中位，千万不要出现推油门起飞的同时其他摇杆不在中位的现象，不然无人机在地上就会侧翻。正常推油门起飞后，如果起飞过程中出现意外情况，需要立即将油门拉到最低位加锁。

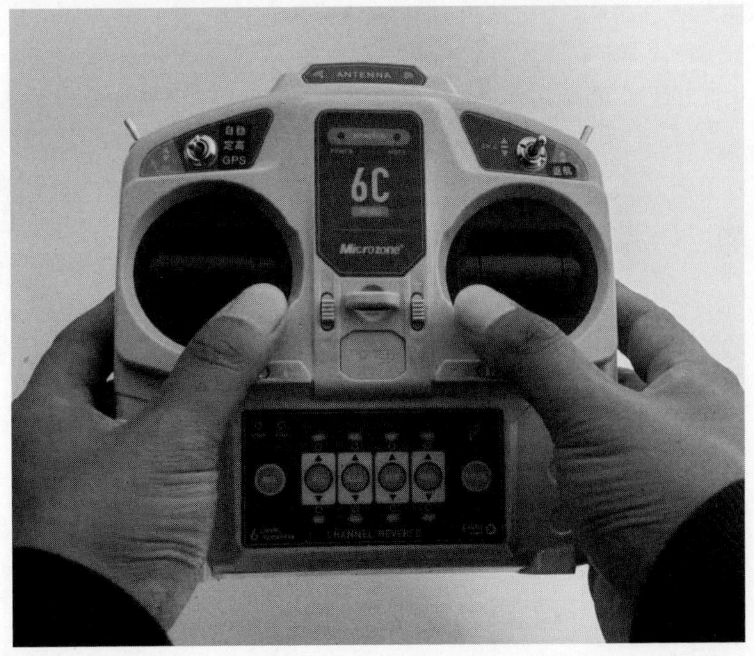

图 7.3 遥控器解锁动作

7.3.2 空中飞行操作流程

无人机在空中悬停后，可以通过摇杆控制无人机沿各个方向飞行，过程中要保持缓慢打杆，不要快速推动摇杆。如果需要悬停，要控制摇杆缓慢回中，不要回弹摇杆。如果遇到突发情况，对于新手来说，最好的办法是双手离开摇杆，让摇杆回到中位，无人机自动悬停，不能慌乱地控制两个摇杆。

7.3.3 降落操作流程

执行完飞行任务之后，将无人机飞回起飞地上空，然后缓慢向下拉油门保持无人机匀速下降，下降速度不要过快，快速下降对多旋翼无人机的稳定性影响非常大。当无人机接近地面时降低下降速度，无人机接触地面后快速将油门拉到最低，油门在最低位维持一段时间后，无人机就会加锁，电机停止转动，此时就可以给无人机断电了。注意，无人机上电之前先打开遥控器，无人机断电之后再关闭遥控器，避免无人机失控。

7.4 本章小结

本章首先解读了《无人驾驶航空器飞行管理暂行条例》，介绍了与无人机飞行相关的法律法规，然后详细讲解了多旋翼无人机起飞前要做的检查工作，最后介绍了无人机飞行的基本知识，帮助大家更深入地了解无人机安全飞行的相关知识。